ISW Forschung und Praxis

Berichte aus dem Institut für Steuerungstechnik
der Werkzeugmaschinen und Fertigungseinrichtungen
der Universität Stuttgart

Herausgeber: Prof. Dr.-Ing. G. Pritschow

Band 88

Wei-Tai Lei

Flächenorientierte Steuerdatenaufbereitung für das fünfachsige Fräsen

Springer-Verlag Berlin Heidelberg GmbH 1992

D 93

Mit 76 Abbildungen

ISBN 978-3-540-55111-9 ISBN 978-3-662-07245-5 (eBook)
DOI 10.1007/978-3-662-07245-5

62/3020-543210

Geleitwort des Herausgebers

In der Reihe „ISW Forschung und Praxis“ wird fortlaufend über Forschungsergebnisse des Instituts für Steuerungstechnik der Werkzeugmaschinen und Fertigungseinrichtungen der Universität Stuttgart (ISW) berichtet, das sich in vielfältiger Form mit der Weiterentwicklung des Systems Werkzeugmaschine und anderer Fertigungseinrichtungen beschäftigt. Die Arbeiten dieses Instituts konzentrieren sich im besonderen auf die Bereiche Numerische Steuerungen, Prozeßrechnereinsatz in der Fertigung, Industrierobotertechnik sowie Meß-, Regel- und Antriebssysteme, also auf die aktuellsten Bereiche der Fertigungstechnik. Dabei stehen Grundlagenforschung und anwenderorientierte Entwicklung in einem stetigen Austausch, wodurch ein ständiger Technologietransfer zur Praxis sichergestellt wird.

Die Buchreihe erscheint in zwangloser Folge und stützt sich auf Berichte über abgeschlossene Forschungsarbeiten und Dissertationen. Sie soll dem Ingenieur bei der Weiterbildung dienen und ihm Hilfestellungen zur Lösung spezifischer Probleme geben. Für den Studierenden bietet sie eine Möglichkeit zur Wissensvertiefung. Sie bleibt damit unter erweitertem Namen und neuer Herausgeberschaft unverändert in der bewährten Konzeption, die ihr der Gründer des ISW, der leider allzu früh verstorbene Prof. Dr.-Ing. G. Stute, im Jahre 1972 gegeben hat.

Der Herausgeber dankt der Druckerei für die drucktechnische Betreuung und dem Springer-Verlag für Aufnahme der Reihe in sein Lieferprogramm.

G. Pritschow

Vorwort

Die vorliegende Arbeit entstand während meiner Tätigkeit als wissenschaftlicher Mitarbeiter am Institut für Steuerungstechnik der Werkzeugmaschinen und Fertigungseinrichtungen (ISW) der Universität Stuttgart.

Herrn Prof. Dr.-Ing. G. Pritschow gilt mein Dank für das Interesse an meiner Arbeit und die hilfreichen Anregungen. Ebenso danke ich Herrn Prof. Dr.-Ing. A. Storr für die wohlwollende Unterstützung und die Durchsicht der Arbeit.

Herrn Prof. Dr.-Ing. W. Straßer danke ich für die Bereitschaft, den Mitbericht zu übernehmen.

Darüber hinaus möchte ich mich bei allen Mitarbeiterinnen und Mitarbeitern des Instituts bedanken, die meiner Arbeit durch anregende Kritik und Diskussionen zusätzliche Impulse verliehen haben, insbesondere bei den Herren Dipl.-Ing. C. Daniel, Dipl.-Ing G. Junghans, Dipl.-Ing. F. Krauß, Dipl.-Ing. J. Müller, Dipl.-Ing. K.-M. Schittenhelm und Dipl.-Ing V. Tobos.

Lei Wei-Tai

Inhaltverzeichnis

Abkürzungen

BSEA	Bedienungs- und Steuerdatenein- und -ausgabe
CAD	Computer Aided Design
CAE	Computer Aided Engineering
CAM	Computer Aided Manufacturing
CAP	Computer Aided Planning
CIM	Computer Integrated Manufacturing
CLDATA	Cutter Location Data
CNC	Computerized Numerical Control
DIN	Deutsches Institut für Normung e.V.
FSDA	Flächenorientierte Steuerdatenaufbereitung
GEO	Geometriedatenverarbeitung
IRDATA	Industrial Robot Data
M-System	Maschinenkoordinatensystem
W-System	Werkstückkoordinatensystem
NC	Numerical Control
NCVA	NC-Datenverwaltung und -aufbereitung
PC	Personal Computer
PPS	Produktionsplanung und -steuerung
RC	Robot Control
SDA	Steuerdatenaufbereitung
SPS	Speicherprogrammierbare Steuerung
STEP	Standard for the Exchange of Product Model Data
VDA	Verband der Automobilindustrie e. V.
VDAFS	VDA-Flächenschnittstelle
3D	Dreidimensional

Formelzeichen

Vektoren sind durch einen Pfeil, Einheitsvektoren zusätzlich durch eine hochgestellte Null kenntlich gemacht. Formelzeichen, die nur lokal auftreten, werden hier nicht beschrieben.

a_0, a_1, a_2, a_3	Koeffizienten eines Polynoms 3. Ordnung
$\underline{a}_0, \underline{a}_1, \underline{a}_2, \underline{a}_3$	vektorielle Koeffizienten eines Polynoms 3. Ordnung
A	Drehwinkel um die $\underline{TB}$-Achse
A_M	Drehwinkel um die x-Achse im Maschinenkoordinatensystem
A_x, A_y, A_z	Flächenkoeffizientenmatrizen
B	Drehwinkel um die $\underline{TN}$-Achse
$\underline{b}$	Binormale in Dreibein-Koordinaten
$\underline{B}$	Hilfsvektor für die Orientierungsinterpolation
B_M	Drehwinkel um die y-Achse im Maschinenkoordinatensystem
B_M	Erste Ableitung von B_M nach der Bahnlänge
C	Drehwinkel um die $\underline{FN}$-Achse
c_i	Kurvenkoeffizient
C_M	Drehwinkel um die z-Achse im Maschinenkoordinatensystem
C_M	Erste Ableitung von C_M nach der Bahnlänge
$\underline{C}(t)$	Bahndarstellung in Polynomform
D	Drehmatrix vom Raum zur Haupebene eines Kreises
$\underline{FN}$	Flächennormale
$f(w)$	Flächenkurve
(I_W, J_W, K_W)	Fräserachsrichtungsvektor im Werkstückkoordinatensystem
k_f	Konstante für die Fensterdimensionierung
k_o	Konstant für die Orientierungsinterpolation
l_{seg}	Segmentlänge
l_{WZ}	Werkzeuglänge
$N_{i,k}(t)$	Normierte B-Splinefunktion vom Grad k
$\underline{n}$	Normale in Dreibein-Koordinaten
$\underline{N}$	Hilfsvektor
$P_1, P_2, \ldots, P_8$	Kontrollpunkte für den Kreis und die Ellipse
$P'_1, P'_2, \ldots, P'_8$	Kontrollpunkte für die Helix

P_a	Anfangsstützpunkt
P_e	Endstützpunkt
P_E	Fräsereingriffspunkt
P_i	Bahnstützpunkt
P_m	Kreismittelpunkt
P_S	Fräserspitzenposition
P_z	Zwischenstützpunkt
$\underline{Q}$	Fräserachsrichtungsvektor
$\underline{Q}_a$	Fräserachsrichtungsvektor am Satzanfang
$\underline{Q}_e$	Fräserachsrichtungsvektor am Satzende
$\underline{Q}_o$	Konstanter Orientierungsvektor in Dreibein-Koordinaten
R	Radius
R_B	Flächenkrümmungsradius in Bahntangentenrichtung
r_E	Eckenradius eines Schaftfräsers mit Eckenradius
r_S	Fräserradius allgemein
$\underline{R}_1, \underline{R}_n$	Randtangenten für die Spline-Berechnung
s	Bahnlänge, Bogenlänge
s_a	Anfangsbahnlänge des Fensters
s_e	Endbahnlänge des Fensters
s_f	Fensterlänge
$s_{s,k}$	Soll-Fahrlänge des k-ten Interpolationstaktes
$\Delta s_{s,k}$	relative Soll-Fahrlänge des k-ten Interpolationstaktes
s_f	Fensterlänge
t	Kurvenparameter, Bahnparameter
$t_1, t_2, \ldots, t_m$	Knoten
$\underline{t}$	Tangente in Dreibein-Koordinaten
$\underline{TB}$	Flächentangente in Bahnrichtung
T_{intp}	Zeitkonstant für die Interpolation
t_k	Bahnparameter des k-ten Interpolationstaktes
$\underline{TN}$	Flächentangente normale zur Bahntangentenrichtung im Normalprofilschnitt
T_{seg}	Zeitkonstant für die Segmentierung
$\underline{T}_t, \underline{T}_n, \underline{T}_b$	Dreibein-Koordinaten
$\underline{T}_{t,0}, \underline{T}_{n,0}, \underline{T}_{b,0}$	Dreibein-Koordinaten am Bahnanfang
$\underline{T}_{t,k}, \underline{T}_{n,k}, \underline{T}_{b,k}$	Dreibein-Koordinaten des k-ten Interpolationstaktes
$\underline{T}_u$	Flächentangente in u-Richtung

T_{ux}, T_{uy}, T_{uz}	Komponenten der Flächentangente in u-Richtung
$\underline{T}_v$	Flächentangente in v-Richtung
T_{vx}, T_{vy}, T_{vz}	Komponenten der Flächentangente in v-Richtung
u	Flächenparameter
u	Normierte Bahnlänge
$\underline{U}$	Vektor des Flächenparameters
$\underline{U}'$	Erste Ableitung des Vektors $\underline{U}$
$\underline{U}''$	Zweite Ableitung des Vektors $\underline{U}$
$\underline{U}^t$	Transponierter Vektor von $\underline{U}$
v	Flächenparameter
$\underline{V}$	Vektor des Flächenparameters v
$\underline{V}'$	Erste Ableitung des Vektors $\underline{V}$
$\underline{V}''$	Zweite Ableitung des Vektors $\underline{V}$
$\underline{V}^t$	Transponierter Vektor von $\underline{V}$
$\underline{V}_k$	Werkzeuggeometriekorrekturvektor
v_b	Bahngeschwindigkeit
w	Flächenkurvenparameter
ß	Voreilwinkel
$ß_a$	Voreilwinkel am Segmentanfang
$ß_e$	Voreilwinkel am Segmentende
Θ_g	gesamter Drehwinkel bei der Orientierungsinterpolation
Θ_k	aktueller Drehwinkel bei der Orientierungsinterpolation
Ω_{ist}	Ist-Bahnwinkelgeschwindigkeit
Ω_{max}	maximale Bahnwinkelgeschwindigkeit

<u>Mehrfach verwendete Indizes</u>

ist	Istwert
G	Grundleitlinie
seg	Segment
S	Scheitelleitlinie
soll	Sollwert

1 Einleitung

Das fünfachsige Fräsen gewinnt für die spanende Bearbeitung von gekrümmten Flächen, im folgenden Freiformflächen genannt, zunehmend an Bedeutung /1/. Im Gegensatz zum dreiachsigen Fräsen können beim fünfachsigen Fräsen zusätzlich zwei kinematische Freiheitsgrade, meistens rotatorische, benutzt werden, um eine optimale Anpassung des Fräsers an die zu bearbeitenden Flächen zu ermöglichen. Bei geforderter gleicher Flächengüte ist der Bahnabstand beim fünfachsigen Fräsen größer als der beim dreiachsigen Fräsen. Die notwendigen Vorrichtungen zur Werkstückaufspannung und die Umrüstzeit werden stark reduziert. Die Bearbeitungszeit kann stark verkürzt werden. Die Anwendungsgebiete des fünfachsigen Fräsens liegen überwiegend in der Luft- und Raumfahrttechnik, im Schiffbau, im Strömungsmaschinenbau sowie im Werkzeug- und Formenbau /2,3/.

Die Freiformflächen lassen sich nur dreidimensional darstellen. Eine NC-Programmierung für die fünfachsige Freiformflächenbearbeitung ohne Rechnerunterstützung ist auszuschließen, da man zum Beispiel eine quantitative Aussage über den räumlichen Zusammenhang zwischen der Fräserführung und der erzielbaren Flächengüte nur mit Hilfe von Rechnerprogrammen machen kann. Die Voraussetzung für eine wirtschaftliche fünfachsige Freiformflächenbearbeitung ist deshalb die Verfügbarkeit leistungsfähiger NC-Programmiersysteme. Es bestehen hohe Anforderungen an das NC-Programmiersystem hinsichtlich einer benutzerfreundlichen Bedienoberfläche, der Datenübernahme aus CAD-Systemen, der Geometriemodellierung und der kollisionsfreien Fräserführung /4,5,6,7/.

Während die CAD- und NC-Programmiersysteme in den vergangenen Jahren sehr weit entwickelt wurden, haben heutige numerische Steuerungen für die fünfachsige Freiformflächenbearbeitung eine sehr eingeschränkte Funktionalität. Die Einschränkung des Eingabefomats der NC-Steuerdaten auf DIN 66025 stellt das Grundproblem für die fünfachsige Freiformflächenbearbeitung dar. Die Freiformflächenbearbeitung mit ausschließlich linearen Sätzen führt bei hohen Anforderungen an die Bearbeitungsgenauigkeit unvermeidlich zu einer sehr großen Menge von NC-Daten. Bei der Abarbeitung dieser NC-Daten erreicht die Steuerung häufig ihre dynamische Grenze. Die erreichbare Bearbeitungsgeschwindigkeit ist durch das zeitliche Verhalten der Steuerung begrenzt.

Zur Erhöhung der Flexibilität der off-line NC-Programmierung ist es zudem erforderlich, die während des Fertigungsprozesses auftretenden Abweichungen, wie zum Beispiel die Werkzeuggeometrieänderungen, vor Ort an der Steuerung korrigieren zu können. Damit kann der besonders für die Freiformflächenbearbeitung zeitaufwendige Korrekturweg über das NC-Programmiersystem vermieden werden. Da es in heutigen fünfachsigen Steuerungen keine flächenorientierte Geometriedatenverarbeitung gibt, können die von den Flächendaten abhängigen Korrekturfunktionen wie zum Beispiel die Werkzeuggeometriekorrektur im Raum, im folgenden vereinfacht als 3D-Werkzeuggeometriekorrektur /8,9/, nicht ausgeführt werden.

Ziel dieser Arbeit war es, ausgehend von der Analyse der Probleme heutiger fünfachsigen Freiformflächenbearbeitung, ein Konzept für eine NC-Programmierschnittstelle zu entwickeln, das einen durchgängigen Informationsfluß der Geometriedaten vom CAD-System bis zur numerischen Steuerung ermöglicht. Die Auswirkung der NC-Programmierschnittstelle auf die Steuerungsstruktur zur flächenorientierten Steuerdatenaufbereitung wird untersucht. Die in dieser Arbeit vorgestellten Verfahren und Lösungen sind sowohl für fünfachsige Fräsmaschinen als auch für Industrieroboter bei der Freiformflächenbearbeitung einsetzbar.

2 Problemstellung und Stand der Technik

2.1 Geometrieschnittstelle

Die Verbreitung rechneruntersttzter Technologien, im folgenden CA- genannt, fhrt besonders in der Fertigungsindustrie zu einem enormen Anwachsen von CAD- und CAP-Anwendungen. Es besteht eine dringende Notwendigkeit, Informationen zwischen verschiedenen Systemen austauschen zu knnen.

Eine Schnittstelle ist nach /10/ ein System von Bedingungen, Regeln und Vereinbarungen, das den Informationsaustausch zweier miteinander kommunizierender Systeme oder Systemkomponenten festlegt. Fr die Fertigungstechnik ist der Austausch von Geometriedaten von besonderer Bedeutung.

In den letzten Jahren wurden eine Reihe von Geometrieschnittstellen spezifiziert, die teilweise national genormt sind. Die bekanntesten Schnittstellen sind:

- Initial Graphics Exchange Specification (**IGES**) /11/,
- VDA-Flächenschnittstelle (**VDAFS**) /12/,
- Standard Exchange et de Transfert (**SET**) /13/,
- Standard for the Exchange of Product Model Data (**STEP**) /14,15/.

Ein Vergleich des Elementumfangs und der Leistungsmerkmale der Schnittstellen wurde in /16/ durchgeführt. Besonders erwähnenswert ist die in Deutschland weit verbreitete Geometrieschnittstelle VDAFS. Sie ist speziell zum Übertragen von Freiformflächen beliebigen Grades konzipiert und beschränkt sich auf einen minimalen Satz von Geometrieelementen. Wegen der Beschränkung auf das Übertragen von Freiformkurven und -flächen und der daraus resultierenden Einfachheit der Schnittstellenspezifikation sind die benötigten Pre- und Postprocessoren ohne großen Aufwand realisierbar. Die meisten Formen der Polynomdarstellung von Flächen wie Bézier und B-Spline lassen sich in dieses Format überführen. Aus diesen Gründen wurde VDAFS als Geometrieschnittstelle für die fünfachsige CNC-Steuerung gewählt /17,18/.

International koordinierte Forschungsaktivitäten in den letzten Jahren haben zur Entwicklung der Schnittstellenspezifikation **STEP** geführt. Eine anwendungsorientierte Analyse des Schnittstellenstandards findet man in /19/, wobei die Funktionsweise, Vorzüge und Defizite der bestehenden Spezifikationen im Hinblick auf eine zukünftige CAD/NC-Kopplung aufgezeigt werden. Bild 2.1 zeigt die Flächendarstellung nach VDAFS.

2.2 CAD/NC-Kopplung für die Freiformflächenbearbeitung

Der Ausgangspunkt für die NC-Programmerstellung ist die Geometriebeschreibung des Werkstücks. Heute werden Freiformflächen überwiegend mit Hilfe von CAD-Systemen erstellt. Ein sogenannter "Geometrie-Modellierer" im CAD-System führt auf interaktive Weise mit Grafikunterstützung die Modellierungsaufgabe durch /20,21,22/. Beispielsweise kann durch Vorgabe von vier Randkurven eine Freiformfläche bestimmt werden. Die erzeugte Fläche kann nach Wunsch des Konstrukteurs korrigiert und verbessert werden. Eine andere in der Vergangenheit häufig benutzte Möglichkeit ist das Digitalisieren vom Modell auf einem Koordinatenmeßgerät und die anschließende Auswertung und Modellierung der Meßdaten im CAD/CAP-System /23,24/.

Bild 2.2 zeigt verschiedene Möglichkeiten zur CAD/NC-Kopplung. Die erste Möglichkeit (Fall a,b) ist gekennzeichnet durch ein in das CAD-System integriertes NC-Modul. Der Vorteil dieser Lösung liegt darin, daß die im CAD-System vorhandenen Funktionen auch bei der NC-Programmerzeugung voll genutzt werden können /25/. Dazu gehören beispielsweise die Geometriedatenübernahme aus anderen Standardschnittstellen, die einheitliche Geometriemodellierung, die fensterorientierte Benutzeroberfläche und die Grafikfunktionen. Nachteile dieser Lösung sind die üblicher-

Beispiel einer Fläche mit zwei Elementen

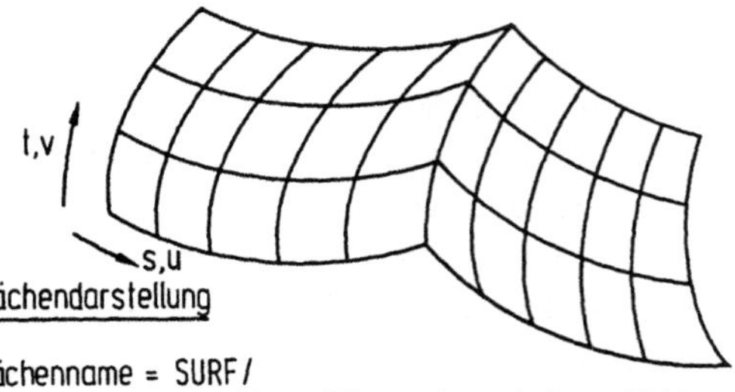

Flächendarstellung

Flächenname = SURF/
Anzahl der Flächenelemente in u-Richtung,
Anzahl der Flächenelemente in v-Richtung,
Grenzwerte der Flächenelemente in s-Richtung,
Grenzwerte der Flächenelemente in t-Richtung,

Polynomordnung l des 1. Elements in u-Richtung,
Polynomordnung m des 1. Elements in v-Richtung,
$ax_{0,0} \ldots ax_{l-1,m-1}, ay_{0,0} \ldots ay_{l-1,m-1}, az_{0,0} \ldots az_{l-1,m-1},$
...
Polynomordnung l des letzten Elements in u-Richtung,
Polynomordnung m des letzten Elements in v-Richtung,
$ax_{0,0} \ldots ax_{l-1,m-1}, ay_{0,0} \ldots ay_{l-1,m-1}, az_{0,0} \ldots az_{l-1,m-1}$

mit:
s,t: globale Parameter für alle Flächenelemente
u,v: lokale Parameter für ein einzelnes Flächenelement
ax, ay, az: Koeffizienten

Berechnung eines Flächenpunktes

$$x(u,v) = \sum_{k=0}^{m-1} \sum_{j=0}^{l-1} ax_{j,k} \cdot u^j \cdot v^k$$

$$y(u,v) = \sum_{k=0}^{m-1} \sum_{j=0}^{l-1} ay_{j,k} \cdot u^j \cdot v^k$$

$$z(u,v) = \sum_{k=0}^{m-1} \sum_{j=0}^{l-1} az_{j,k} \cdot u^j \cdot v^k$$

Bild 2.1: Flächendarstellung nach VDAFS /18/

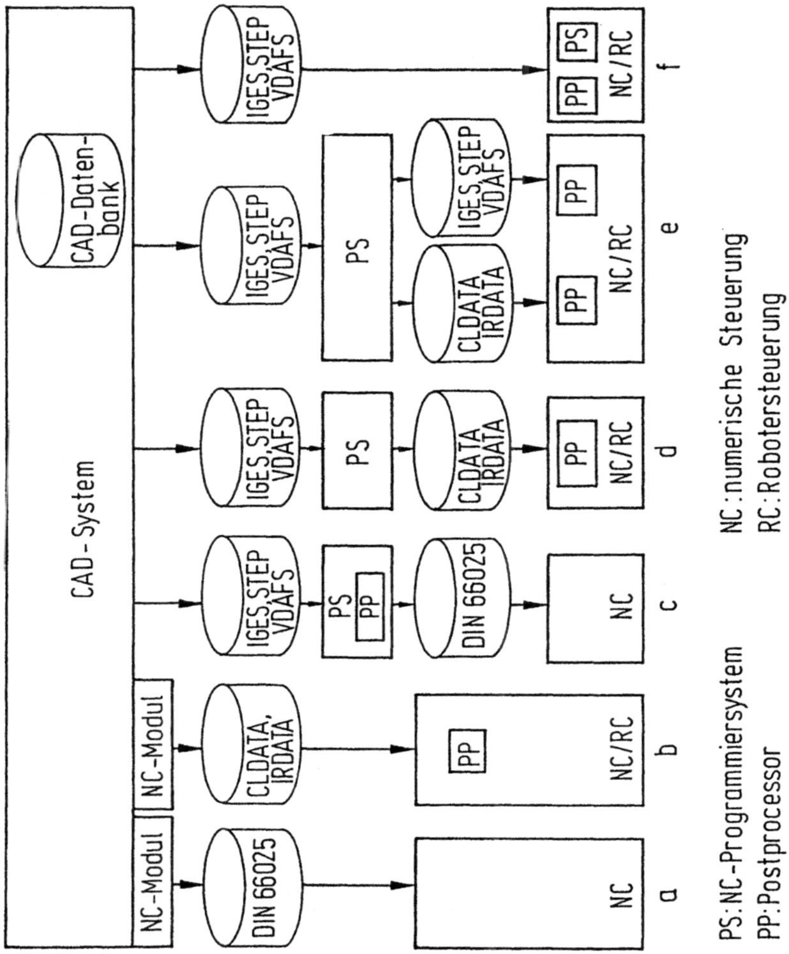

Bild 2.2: Möglichkeiten zur CAD/NC-Kopplung

weise eingeschrnkte technologische Leistungsfhigkeit des NC-Moduls und der Wegfall der Nutzungsmglichkeit bereits vorhandener NC-Processoren und Teileprogramme /26/.

Die zweite Mglichkeit (Fall c,d,e) ist durch ein von CAD-Systemen unabhngiges NC-Programmiersystem gekennzeichnet. Da das NC-Programmiersystem die Geometriedaten ber Standardschnittstellen erhlt, besteht die Gefahr, daß bedingt durch die beschränkte topologische Definition der Schnittstelle Informationsverluste entstehen. Funktionen zur Vervollständigung des fertigungstechnisch orientierten Werkstückmodells müssen deshalb im NC-Programmiersystem vorhanden sein /27/. Ausgehend von den Fertigteilgeometrien werden häufig einfache Zwischen- und Erweiterungsgeometrien definiert, um mehrstufige Schrupp- und Schlichtvorgänge oder das Anfahren an den Flächenrand zu ermöglichen. Der Vorteil dieser Lösung liegt in der flexiblen Ankopplung an verschiedene CAD-Systeme und der problemorientierten Systemlösung. Für das fünfachsige Fräsen von Freiformflächen wird deshalb diese Lösung bevorzugt.

Da die meisten Steuerungen nur über die Möglichkeit einer linearen und zirkularen Interpolation verfügen, werden im NC-Programmiersystem die bei der Fräserführung ermittelten Fräsbahnen nach einer vorgegebenen Toleranz linearisiert /28/ und die Fräsergeometriekorrektur durchgeführt. Daraus resultieren Stützpunkte mit dazugehörigen Fräserachsrichtungsvektoren im Werkstückkoordinatensystem. Die Datenmenge der erzeugten NC-Programme für die Bearbeitung komplexer Werkstücke beträgt häufig mehrere Megabyte. Die im NC-Programmiersystem vorhandenen Informationen über Geometrien und Kollisionen werden nicht an die Steuerung übergeben (Bild 2.3).

Die dritte Möglichkeit (Fall f) ist gekennzeichnet durch das in die Steuerung integrierte Programmiersystem. Diese Möglichkeit ist auch unter werkstattorientierter Programmierung (**WOP**) bekannt und findet Anwendung in Steuerungen für Dreh- und dreiachsige Fräsbearbeitungen /29,30/. Der Austausch der Geometriedaten zwischen dem WOP-System und dem übergeordneten CAD-System erfolgt über Standardschnittstellen /31/. Für die fünfachsige Freiformflächenbearbeitung ist diese Lösung möglich, wenn lediglich einfache Flächen bearbeitet werden und die Fräserführung ohne Berücksichtigung von Kollisionen durchgeführt werden

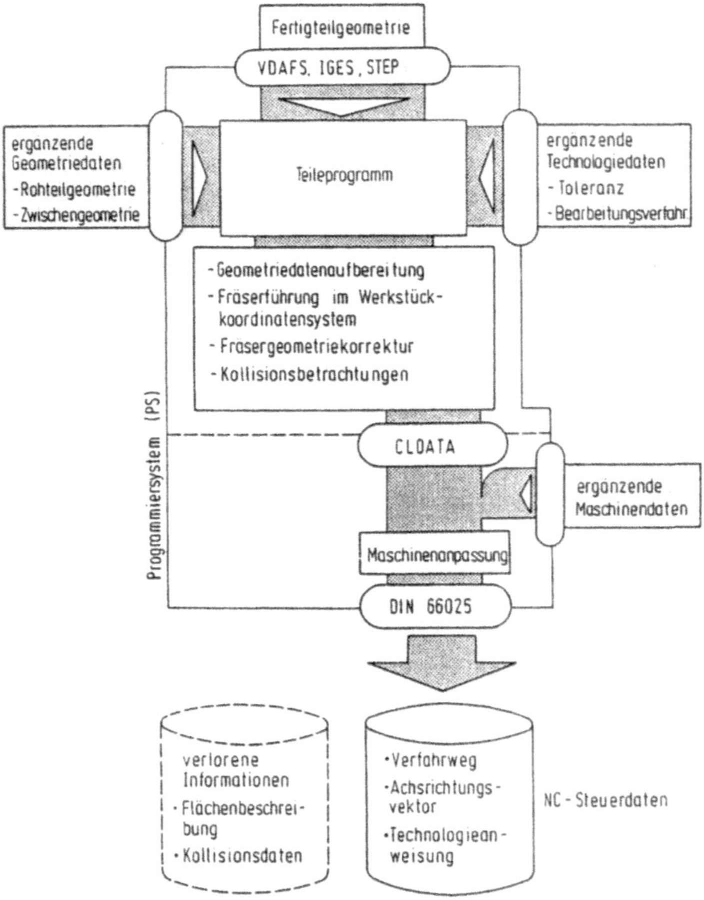

Bild 2.3: Derzeitige CAD/NC-Kopplung für die fünfachsige Freiformflächenbearbeitung

kann. Für komplexe Werkstücke unter Berücksichtigung von Grenzflächen ist diese Lösung wegen der zeitaufwendigen Geometriemodellierung und der 3D-Kollisionsbetrachtung in absehbarer Zeit nicht vorstellbar.

2.3 Numerische Steuerung für das fünfachsige Fräsen

Die Hardwarestruktur heute verfügbarer Steuerungen für das fünfachsige Fräsen basiert in der Regel auf dem Konzept eines modularen Mehrprozessorsystems /33,34/. Als Sonderlösung werden auch Mini-Rechner mit zusätzlicher Hardware speziell für die Interpolation eingesetzt /17/. Die Software ist nach dem Baukastenprinzip aus verschiedenen Funktionsblöcken modular aufgebaut. Die grundlegenden Funktionsblöcke und ihre Aufgaben sind im folgenden aufgelistet /35/:

"Bedienungs- und Steuerdatenein- und -ausgabe" (**BSEA**):
- Vernetzung mit externen Schnittstellen
- Anzeigen der Steuerungsdaten
- Durchführung der Editorfunktionen für die NC-Dateneingabe
- Überwachung des Betriebsartenwechsels

"NC-Steuerdatenverwaltung und -aufbereitung" (**NCVA**):
- Nachladen der NC-Steuerdaten vom NC-Datenspeicher
- Decodieren der NC-Steuerdaten
- Werkzeugradiuskorrektur

"Geometriedatenverarbeitung" (**GEO**):
- Referenzpunktfahrt
- Sollwertbeeinflussung
- Sollwerterzeugung (Interpolation)
- Lageregelung

"Technologiedatenverarbeitung" (**TECHNO**):
- Ausführung von programmierten Schaltfunktionen,
- Steuerung von Maschinenfunktionen.

In anderen Literaturstellen wird der bisher mit **NCVA** bezeichnete Funktionsblock durch "Steuerdatenaufbereitung" **SDA** ersetzt. Der Grund liegt darin, daß sich die Funktionen des Blocks im allgemeinen auch in Robotersteuerungen (**RC**) wiederfinden. Im folgenden wird auf die Einzelfunktionen einer numerischen Steuerung eingegangen, die besonders für die fünfachsige Freiformflächenbearbeitung von Bedeutung sind.

2.3.1 Korrekturfunktionen

Die Korrekturfunktionen in einer numerischen Steuerung dienen der vereinfachten Erstellung von NC-Programmen, einer besseren Handhabung der NC-gesteuerten Werkzeugmaschine und der Kompensation von Maschinenfehlern zur Erhöhung der Arbeitsgenauigkeit (Bild 2.4).

Funktion \ Zweck		vereinfachte Programmierung	bessere Handhabung	bessere Arbeitsgenauigkeit
Werkzeugradiuskorrektur		●	●	
Werkzeuglängenkorrektur		●	●	
3D-Werkzeuggeometriekorrektur		●	●	
Aufspannlagekorrektur		●	●	
Nullpunktverschiebung		●	●	
Offset		●		
Skalierung		●		
Kompensation	Spindelsteigungsfehler			●
Kompensation	Lose			●
Kompensation	Verstärkerdrift			●
Kompensation	Temperatur			●

Bild 2.4: Korrekturfunktionen in numerischen Steuerungen

Bild 2.5 zeigt den Korrekturweg vom CA-Bereich zur Maschine ohne und mit Korrekturfunktionen in der Steuerung. Bei Abweichungen von Maschinendaten ist eine erneute NC-Programmierung notwendig, falls an der Steuerung keine entsprechende Korrekturfunktion verfügbar ist. Der Korrekturweg führt zurück zum CA-Bereich und ist immer mit starkem Zeitverlust verbunden.

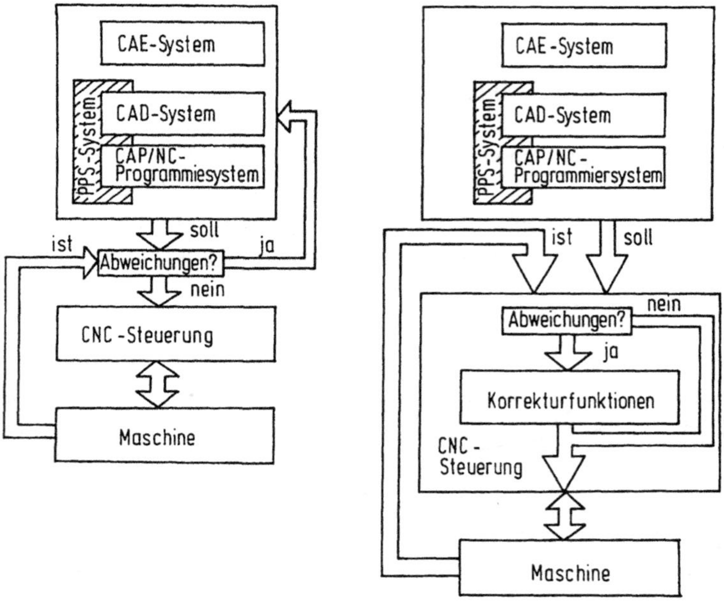

Bild 2.5: Korrekturweg für Steuerung mit/ohne Korrekturfunktion

Numerische Steuerungen der ersten Generation für das fünfachsige Fräsen interpolieren linear in Maschinenkoordinaten und haben keine Korrekturfunktionen /36/. Maschinenabhängige Funktionen wie z.B. die kinematische Transformation werden im Postprocessor des NC-Programmiersystems realisiert.

Um einen flexiblen Werkzeugeinsatz mit unterschiedlichen Geometrien zu ermöglichen, wurde als erster Schritt die Funktion "kinematische Transformation" vom Postprocessor des NC-Programmiersystems ausgelagert und in die Steuerung integriert. Diese Lösung ist auch unter "verbesserter Datenfluß für die Steuerung" bekannt /37/. Die Bahnstützpunkte sind im Werkstückkoordinatensystem vorgegeben. Die Fräserorientierung wird festgelegt durch den Fräserachsrichtungsvektor. Nach Interpolation der Bahnstützpunkte und Orientierung wird die kinematische Transformation durchgeführt. Daraus resultieren die Lagesollwerte für die Maschinenachsen. Die aktuelle Fräserlänge wird in die kinematische Transformation einbezogen. Deshalb ist es möglich, Werkzeuge mit unterschiedlichen Längen bei der Bearbeitung einzusetzen (Werkzeuglängenkorrektur).

Zur weiteren Erhöhung der Wirtschaftlichkeit des fünfachsigen NC-Fräsens ist eine vollständige 3D-Werkzeuggeometriekorrektur an der Steuerung erforderlich. Dabei muß zwischen eingeschränkter und uneingeschränkter Werkzeuggeometriekorrektur unterschieden werden. Bei eingeschränkter Werkzeuggeometriekorrektur wird eine Geometrieabweichung des Werkzeugs in begrenztem Maße erlaubt. Die vom Programmiersystem erzeugten Fräsbahnen werden beibehalten. Die Anforderungen an das NC-Programmiersystem hinsichtlich der Kollisionsbetrachtungen und die Auswirkung der Geometrieabweichung auf die erzielte Flächenqualität in bezug auf die Fräsrillenprofile wurde in /18/ untersucht.

Bei einer uneingeschränkten Werkzeuggeometriekorrektur wird eine beliebige Änderung der Werkzeuggeometrien an der Steuerung zugelassen. Um dies zu ermöglichen sind erneute Schnittaufteilung, Fräserführung und die damit verbundenen Kollisionsbetrachtungen notwendig, um eine gleichbleibende Flächenqualität und eine kollisionsfreie Bearbeitung zu gewährleisten. Die Steuerung muß daher die gesamte Funktionalität eines NC-Programmiersystems besitzen. Für die Bearbeitung eines komplexen Werkstücks unter Berücksichtigung von Grenzflächen ist eine uneingeschränkte Werkzeuggeometriekorrektur in der Steuerung wegen des großen Zeitaufwandes nicht sinnvoll. Die Ausführungen in der vorliegenden Arbeit gehen deshalb von der eingeschränkten 3D-Werkzeuggeometriekorrektur aus.

Für die Bereitstellung notwendiger Informationen zur eingeschränkten 3D-Werkzeuggeometriekorrektur gibt es prinzipiell zwei Lösungen (Bild 2.6). Bei der ersten in /18/ vorgeschlagenen Lösung wird der Informationsgehalt eines NC-Satzes um die zur Korrektur notwendigen Flächeninformationen ergänzt. Für den Fall des fünfachsigen Fräsens von Freiformflächen mit Vorgabe der NC-Steuerdaten in Anlehnung an die DIN 66025 sind neben der Vorgabe der Eingriffspunkte weitere Vorgaben von Flächennormale und Fräservoreilwinkel notwendig. Beim gleichen Bearbeitungsfall mit Berücksichtigung einer Grenzfläche ist zusätzlich die

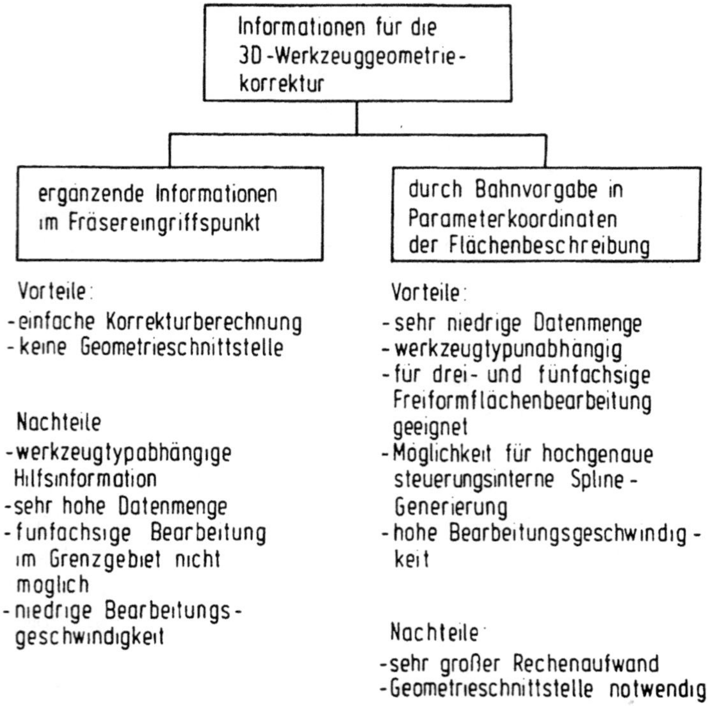

Bild 2.6: Informationen für die 3D-Werkzeuggeometriekorrektur

Vorgabe des Fräserseitwärtswinkels erforderlich. Diese Lösung findet auch Anwendung bei der dreiachsigen Freiformflächenbearbeitung, wobei nur beschränkte Fräsertypen wie zum Beispiel zylindrische Kugelkopffräser für die Bearbeitung vorgesehen sind und die Flächennormale die einzig notwendige Information für die Ausführung der Korrekturfunktion ist. Für die fünfachsige Freiformflächenbearbeitung ist diese Lösung unbefriedigend, da einerseits die notwendigen Informationen für die Korrektur stark vom Werkzeugtyp und Bearbeitungsfall abhängig sind, und andererseits die bereits hohe NC-Datenmenge weiter zunimmt. Das Zeitverhalten der Steuerung zur Abarbeitung der NC-Sätze wird dadurch ungünstiger.

Bei der zweiten Lösung erhält die Steuerung die Flächenbeschreibung entweder über eine Geometrieschnittstelle /17/ oder durch Definition von speziellen G-Funktionen im NC-Programm. Es werden beispielsweise Kontrollpunkte für die Bézier-Flächenbeschreibung vorgegeben /32/. Fräsbahnen werden dort als Parameterlinien der Flächenbeschreibung definiert. Die zur Korrektur notwendigen Flächendaten können dann direkt aus der Flächenbeschreibung berechnet werden. Die üblichen Probleme der hohen NC-Datenmenge und der fehlenden Möglichkeit zur 3D-Werkzeuggeometriekorrektur werden dadurch zum Teil gelöst. Eine beliebige Bahndefinition in Form von Flächenkurven mit flächenbezogener Orientierungsvorgabe existiert in heutigen Steuerungen nicht (siehe Bild 3.2).

Zur Verkürzung der Werkstückrüstzeit und der Programmtestzeit ist es vorteilhaft, die Ist-Aufspannlage des Werkstücks an der Maschine direkt von der Steuerung aus berücksichtigen zu können (Aufspannlagekorrektur). Bild 2.7 stellt die kennzeichnenden Parameter und Koordinatensysteme bei der fünfachsigen Freiformflächenbearbeitung dar.

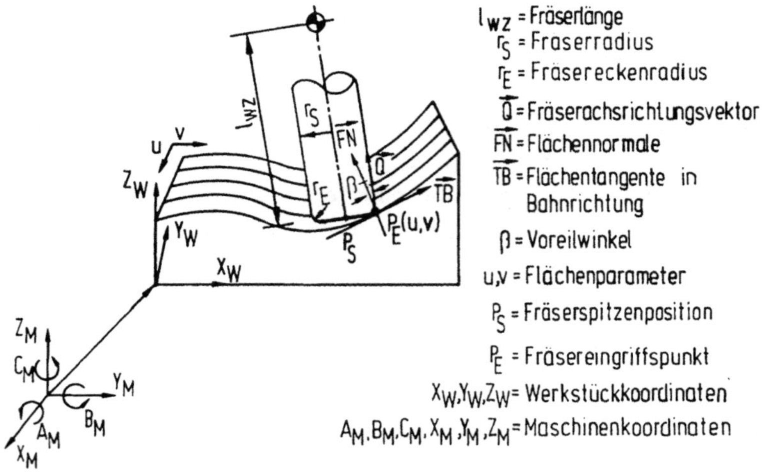

Bild 2.7: Kennzeichnende Begriffe für fünfachsige Freiformflächenbearbeitung

2.3.2 Überwachungsfunktionen

Zur Erhöhung der Betriebssicherheit und der Bahngenauigkeit verfügen heutige Steuerungen über viele Überwachungsfunktionen wie zum Beispiel die Werkzeugbruch-, die Schleppabstands- und die Softwareendschalterüberwachung. Für das fünfachsige Fräsen ist eine Beschleunigungskontrolle von besonderer Bedeutung. Bedingt durch den kinematischen Aufbau kann ein unstetiger Geschwindigkeitssprung von Achsen bei einem stetigen Bahnübergang mit unstetiger Krümmungsänderung verursacht werden (Bild 2.8). Ohne programm- und regelungstechnischen Maßnahmen ist eine hohe Bahngenauigkeit nicht zu erzielen. Die Beschleunigungskontrolle hat die Aufgabe, hohe Achsenbeschleunigung zu begrenzen. Dadurch wird nicht nur die Bahngenauigkeit verbessert, sondern auch eine unvorhersehbare Kollisionsgefahr vermieden, da ohne

Beschleunigungskontrolle die reale Achsenbewegung stark von der vorgesehenen Bewegung abweichen kann.

Die Beschleunigungskontrolle wird in einzelnen Maschinenachsen und auf eine vorausschauende Weise durchgeführt. Wegen des typisch kurzen Fahrwegs pro NC-Satz bei fünfachsiger Freiformflächenbearbeitung ist bei der Beschleunigungskontrolle ein Vorausschauen von mehreren hundert Sätzen notwendig. Dies führt zu starken zeitlichen Belastungen des Prozessors in der Steuerung.

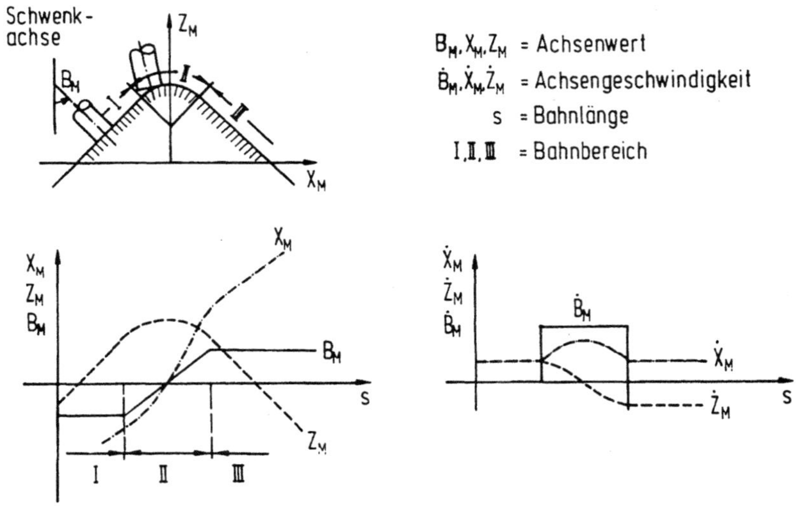

Bild 2.8: Unstetige Achsengeschwindigkeit bei stetigem Bahnübergang

2.3.3 Interpolation

Die Interpolation im mathematischen Sinne bedeutet das Berechnen von Punkten zwischen den Stützpunkten einer punktweise vorgegebenen Funktion nach einer festgelegten Rechenregel /38/. In numerischen Bahnsteuerungen wird üblichweiser unter Interpolation auch die Erzeugung der programmierten Bahngeschwindigkeit verstanden /39/. Die Rechenregel wird nach DIN 66025 durch Angabe der Interpolationsart in Form einer Wegbedingung programmiert. Die Standardinterpolationsart umfaßt die lineare und die zirkulare Interpolation. Eine spezielle Interpolationsart ist die Spline-Interpolation, die hauptsächlich zur Reduktion der NC-Datenmenge /40,42,43/ oder zur Programmierung von Freiformkonturen /41/ verwendet wird. Die notwendigen Eingabedaten für verschiedene Bahntypen sind in Bild 2.9 dargestellt.

Für die drei- oder fünfachsige Freiformflächenbearbeitung ist die Spline-Interpolation von besonderer Bedeutung, da dadurch die NC-Datenmenge reduziert und die Bearbeitungsgeschwindigkeit erhöht wird. Die Generierung von Spline-Funktionen erfolgt durch Komprimierung von linearen NC-Sätzen in Maschinenkoordinaten /43/. Unabhängig von den gewählten Verfahren zur Spline-Generierung besitzt dieser Lösungsweg grundsätzlich den Nachteil, daß dadurch ein durchgängiger Informationsfluß der Geometriedaten von CAD-Systemen zu NC-Steuerungen ausgeschlossen ist, da die im NC-Programmiersystem verfügbaren Flächeninformationen nicht an die Steuerung übergeben und weiter benutzt werden. Ein weiterer Nachteil dieses Lösungswegs ist die fehlende Möglichkeit jeglicher Geometriekorrekturfunktion wie zum Beispiel die 3D-Werkzeuggeometriekorrektur, da die dazu notwendigen Flächeninformationen nicht verfügbar sind. Die Kontrolle der erzielten Bahnabweichung in Werkstückkoordinaten ist wegen fehlenden Flächeninformationen nicht möglich. Weiterhin ist wegen des großen Zeitaufwandes eine On-line Spline-Generierung nicht sinnvoll.
Eine Spline-Interpolation in Maschinenkoordinaten bietet also für die drei- oder fünfachsige Freiformflächenbearbeitung nur eine unbefriedigende Zwischenlösung.

Parallel zu der Bahninterpolation ist bei einer fünfachsigen Fräsmaschine und auch bei einem Industrieroboter zusätzlich die Interpolation der Werkzeugorientierung notwendig. Bei einer

Bahntyp	Vorgabe in Steuerdaten	Interpolationsgleichungen
a) 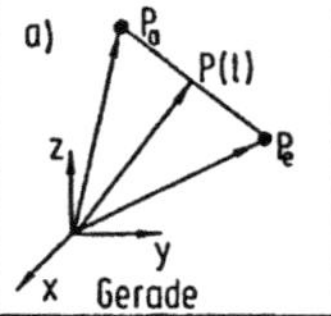 Gerade	Anfangspunkt P_a Endpunkt P_e	$\underline{P}(t)=\underline{P}_a+(\underline{P}_e-\underline{P}_a)t$, $0\le t\le 1$
b) 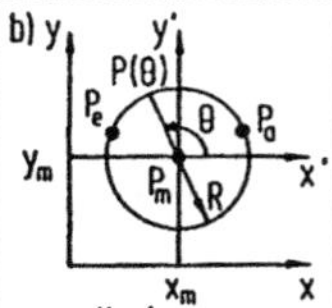 Kreis	Anfangspunkt P_a Endpunkt P_e Mittelpunkt P_m	$\underline{P}(\theta)=\underline{P}'(\theta)+\underline{P}_m$ $=\begin{pmatrix} R\cos\theta \\ R\sin\theta \end{pmatrix}+\begin{pmatrix} x_m \\ y_m \end{pmatrix}$ x'y' = Hauptebene R = Radius
c) 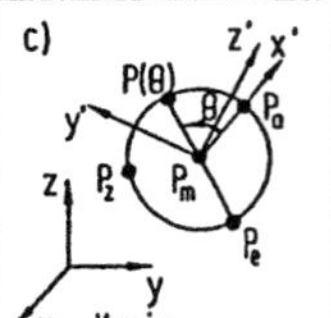 Kreis	Anfangspunkt P_a Endpunkt P_e Zwischenpunkt P_z	$\underline{P}(\theta)=D\cdot(\underline{P}'(\theta)+\underline{P}_m)$ D = Drehmatrix $P'(\theta)$ wie in (b) x'y'= Hauptebene
d) 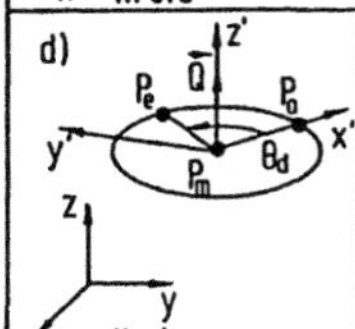 Kreis	Anfangspunkt P_a Mittelpunkt P_m Drehrichtung $\vec{a}$ Drehwinkel θ_d	$\underline{P}(\theta)=D\cdot(\underline{P}'(\theta)+\underline{P}_m)$ D = Drehmatrix $\underline{P}'(\theta)$ wie in (b) x'y'= Hauptebene
e) 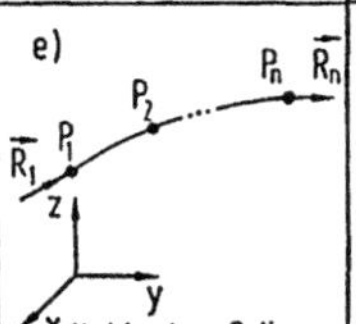 Kubischer Spline	Stützpunkte: $P_1, P_2, \ldots, P_n$ Randbedingungen: $\vec{R}_1, \vec{R}_n$	$\underline{P}_i(t)=\sum_{j=0}^{3}\underline{a}_{ij}t^j$, $1\le i\le n-1$ für Segment $(\underline{P}_i,\underline{P}_{i+1})$
f) 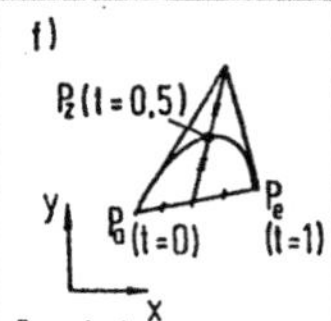 Parabel	Anfangspunkt P_a Zwischenpunkt P_z Endpunkt P_e	$\underline{P}(t)=\sum_{i=0}^{2}\underline{a}_i t^i$, $0\le t\le 1$

Bild 2.9: Bahntypen in Steuerungen für Werkzeugmaschinen und Industrieroboter

fünfachsigen Fräsmaschine wird die Werkzeugorientierung durch einen Achsrichtungsvektor im Werkstückkoordinatensystem definiert. Am häufigsten wird die Werkzeugorientierung zwischen den Bahnstützpunkten linear interpoliert. Bei zirkularer Bahninterpolation ist eine spezielle Werkzeugorientierung möglich, die in einem von Bahntangente und Bahnnormale aufgespannten Koordinatensystem konstant bleibt (Bild 2.10).

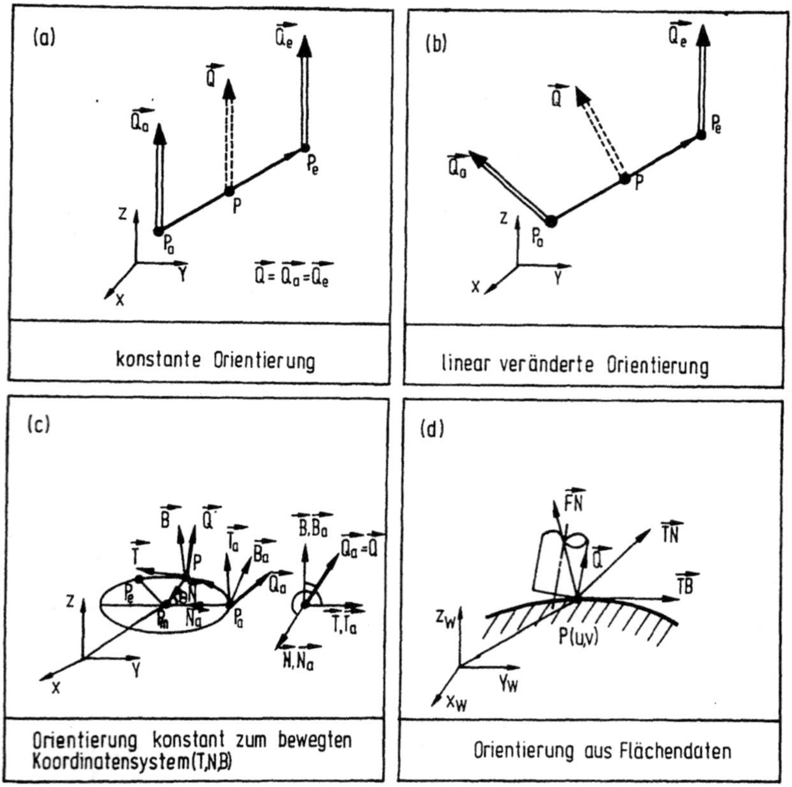

Bild 2.10: Orientierungsarten für fünfachsige Fräsmaschinen und Industrieroboter

Durch Einsatz von leistungsfähigen 32-bit Mikroprozessoren sind heutige Steuerungen in der Lage, spezielle Interpolationsarten mit komplizierter Berechnung in Echtzeit zu realisieren. Dazu gehört beispielsweise die Evolvente-Interpolation /44/. Da solche Interpolationsarten wenig mit der Flächenbearbeitung zu tun haben, werden diese im folgenden nicht weiter betrachtet.

2.4 Zielsetzung und Vorgehensweise

Aus den Ergebnissen der vorangegangenen Abschnitte leitet sich die Zielsetzung dieser Arbeit ab. Die konventionelle NC-Programmierschnittstelle nach DIN 66025 ist für eine flächenbezogene Bahndefinition und für 3D-Korrekturfunktionen nicht ausgelegt. Um diese Schwierigkeit zu umgehen sind firmenspezifische Erweiterungen dieser Schnittstelle für dreiachsige /17/ oder fünfachsige /32/ Freiformflächenbearbeitung entwickelt worden. Der Nachteil der beiden Steuerungen liegt jedoch darin, daß die Bahndefinition auf Parameterlinien einer Teilfläche oder einer Flächenkette in Parameterrichtung beschränkt. Aus der Grobinterpolation der Parameterlinie werden in beiden Steuerungen lineare Sätze für weitere Feininterpolation generiert. Die Forderung nach völliger Anwendung der Spline-Technik vom CAD-System bis zur Steuerung für die Geometriemodellierung, den Austausch der Geometriedaten und die Sollwerterzeugung ist heute nicht erfüllt.

Ziel dieser Arbeit ist nun, neue Schnittstellen für die fünfachsige Freiformflächenbearbeitung zu definieren, um beliebige flächenbezogene Bahn- und Orientierungsdefinition (siehe Bild 3.2) zu generieren und damit einen durchgängigen Informationsfluß der Geometriedaten vom CAD-System über das NC-Programmiersystem bis zur CNC-Steuerung zu ermöglichen (Bild 2.11). Die VDAFS-Schnittstelle wird zum Austausch der Freiformflächeninformation gewählt. Wie zu Beginn dieses Kapitels angedeutet wurde, werden die Modellierung und Aufbereitung von Geometrien

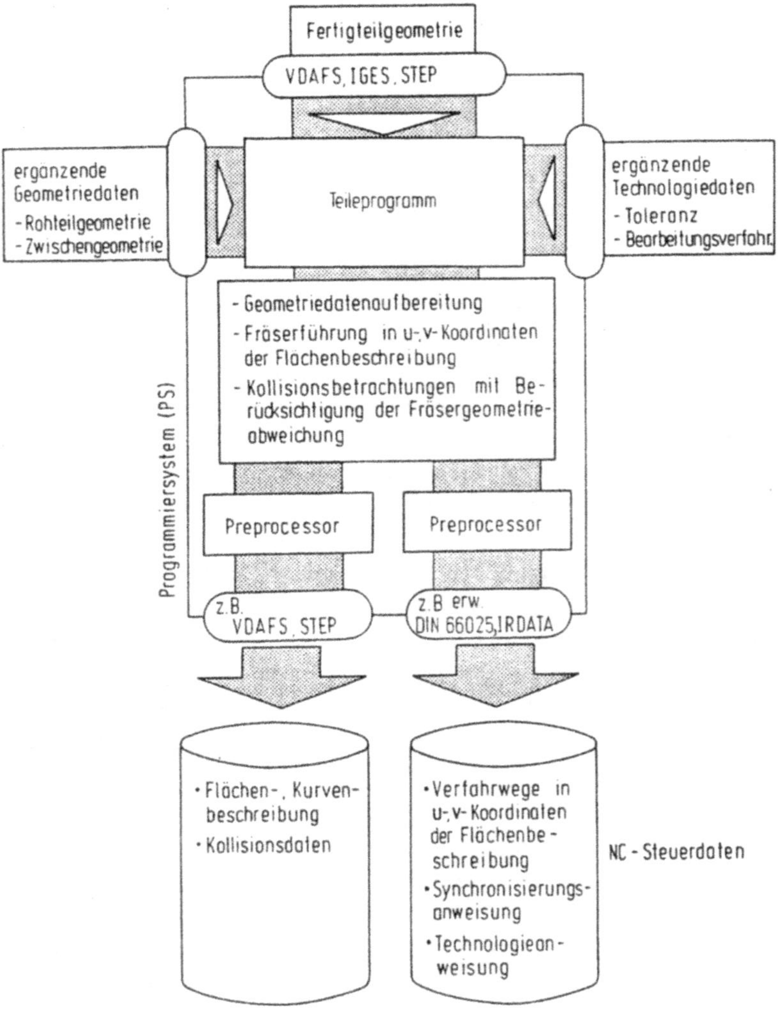

Bild 2.11: Durchgängige Geometriedaten für die Freiformflächenbearbeitung

und die Fräserführung mit vollständigen Kollisionsbetrachtungen weiterhin Aufgaben des NC-Programmiersystems bleiben. Ausgehend von der neu definierten NC-Programmierschnittstelle müssen Verfahren zur völligen Spline-Anwendung in der Stererung und die dazu passende Struktur entwickelt werden.

3 NC-Programmierschnittstelle für die Freiformflächenbearbeitung

Wie schon in Kapitel 2 erwähnt, ist die drei- und fünfachsige Freiformflächenbearbeitung mit konventionellen Steuerungen durch eine hohe NC-Datenmenge und fehlende Möglichkeiten zur 3D-Werkzeuggeometriekorrektur gekennzeichnet. Der beste Weg zur Verbesserung des geometrischen Informationsflusses und zur Erhöhung der Wirtschaftlichkeit der fünfachsigen Freiformflächenbearbeitung liegt in der Einführung von Geometrieschnittstellen in der Steuerung und der Erweiterung von flächenbezogenen Bahn- und Orientierungsdefinitionen. In diesem Kapitel wird eine auf DIN 66025 basierende erweiterte NC-Programmierschnittstelle erarbeitet.

3.1 Festlegung der Anforderungen

Die Durchgängigkeit des geometrischen Informationsflusses stellt die Grundanforderung an die neue NC-Programmierschnittstelle dar. Dadurch können Informationsverluste bei der aufwendigen Geometriedatenverarbeitung von den CAD/NC-Programmiersystemen bis zu den numerischen Steuerungen vermieden werden. Dies gilt auch als Grundvoraussetzung für die Informationsverarbeitung innerhalb eines nach dem CIM-Konzept ausgelegten Systemverbundes.

In Zusammenhang mit den verfügbaren Flächengeometriedaten in der Steuerung müssen die Fräsbahnen direkt in Parameterkoordinaten der Flächenbeschreibung definiert werden. Damit wird die NC-Datenmenge reduziert, die on-line 3D-Werkzeuggeometriekorrektur an der Steuerung unterstützt und eine hohe Bearbeitungsgeschwindigkeit ermöglicht. Bei der Bahn- und Orientierungsdefinition müssen alle bei der fünfachsigen Freiformflächenbearbeitung vorkommenden Fertigungsverfahren wie das fünfachsige Stirn- und Umfangsfräsen berücksichtigt werden.

Erfahrungen aus der Praxis zeigen, daß die rotatorischen Achsen der fünfachsigen Maschine häufig zur Einstellung des Werkstücks verwendet werden. Außer der Freiformflächenbearbeitung werden auch konventionelle Bearbeitungsaufgaben wie das Fräsen und Bohren in einer Hauptebene an der fünfachsigen Fräsmaschine durchgeführt. Die komplette Bearbeitung eines Werkstückes an einer fünfachsigen Maschine muß deshalb berücksichtigt werden. Die Kompatiblität der neuen NC-Programmierschnittstelle zur heutigen NC-Programmierung muß gewährleistet werden.

3.2 Konzeption einer freiformflächenorientierten NC-Programmierschnittstelle

3.2.1 Koordinatensystem für die NC-Programmierung

Bei einer off-line Programmerstellung für Werkzeugmaschinen wird üblicherweise ein maschinenunabhängiges Bezugskoordinatensystem, zum Beispiel das kartesische Raumkoordinatensystem, gewählt und als Zwischenergebnisse CLDATA-Code erzeugt (siehe auch Bild 2.2). Die Anpassung an Werkzeugmaschinen erfolgt durch Aktivierung eines Postprocessors, wobei die Stützpunkte vom Bezugskoordinatensystem in Maschinenkoordinaten umgesetzt und weitere maschinenspezifische Funktionen eingefügt werden. Die Ausgabe der NC-Programmierung sind NC-Steuerdaten im DIN 66025-Format.

Bei einer off-line Programmerstellung für Industrieroboter wird standardmäßig IRDATA-Code /46/ erzeugt. Die Bahnstützpunkte sind im kartesischen Raumkoordinatensystem beschrieben. Die Orientierung des Werkzeuges wird durch drei Drehwinkel festgelegt. Eine kinematische Transformation im on-line-Verfahren in der Steuerung setzt den Stützpunkt und die Orientierung vom Raumkoordinatensystem in die Maschinenkoordinaten um. Ganz selten werden andere Koordinatensysteme wie das Werkzeug- oder Werkstückkoordinatensystem für die Roboterprogrammierung verwendet /45,59/.

Da das Werkstück bei der fünfachsigen Fräsbearbeitung üblicherweise auf einen beweglichen Drehtisch aufgespannt ist, sind die Fräsbahnen bevorzugt im Werkstückkoordinatensystem vorgegeben. Die Orientierung des Fräsers wird durch den Achsrichtungsvektor festgelegt. Analog zu der Robotersteuerung wird die kinematische Transformation on-line durchgeführt.

Zur Darstellung von Freiformflächen und anderen flächenrelevanten Geometrien wie zum Beispiel die Flächenkurven werden ausschließlich Parameterkoordinaten verwendet. Die mathematischen Gleichungen zur iterativen Berechnung von Flächenschnittpunkten oder -linien werden daher in Parameterkoordinaten aufgestellt /27/. Als Konsequenz daraus sind die Führungsbahnen in Parameterkoordinaten beschrieben (Bild 3.1). Zur Anpassung an die Standardschnittstellen wie zum Beispiel CLDATA oder DIN 66025

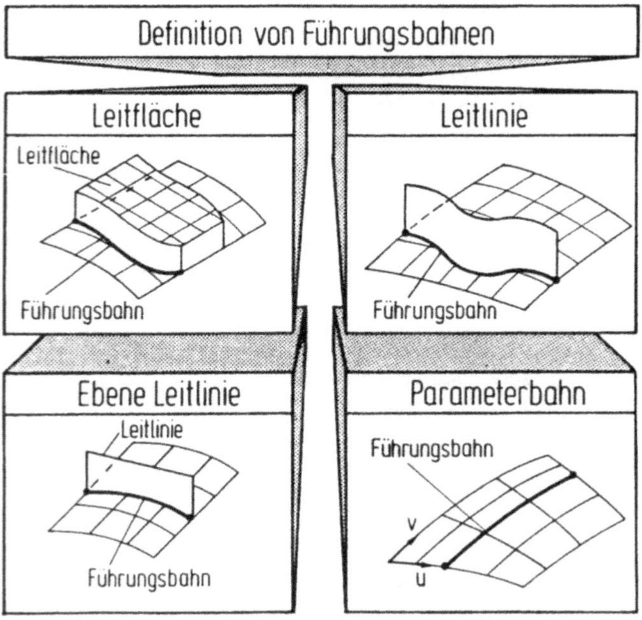

Bild 3.1: Führungsmöglichkeiten des Fräsers /27/

werden die Führungsbahnen linearisiert. Ausgehend von dem Flächenstützpunkt werden die Fräserspitzenposition und -orientierung im Werkstückkoordinatensystem unter Berücksichtigung des vorgegebenen Fräsertyps und der Kollisionsbetrachtungen berechnet. Nachteile der punktweisen Bahnvorgabe im Werkstückkoordinatensystem für die fünfachsige Freiformflächenbearbeitung wurden in Kapitel 2 erwähnt. Bild 3.2 zeigt das gewählte Koordinatensystem bei der NC-Pro-grammierung und seine Wirkungen auf die Steuerungsfunktionen.

Der Gedanke zur Erweiterung der NC-Programmierschnittstelle für die fünfachsige Freiformflächenbearbeitung liegt darin, die in Parameterkoordinaten dargestellten Führungsbahnen in der NC-Programmierschnittstelle zu definieren. Die in Standard-Geometrieschnittstellen vorhandene Möglichkeit der Flächenkurvenspezifikation wird zum Zweck der Bahnbeschreibung verwendet. Bei der Abarbeitung eines auf diese Weise definierten Bewegungssatzes in der Steuerung erfolgt der Zugriff auf die Bahn-

	NC-Programm im Maschinen-koordinatensystem	NC-Programm im Bezugs-(Raum) koordinatensystem	NC-Programm im Werkstück-koordinatensystem	NC-Programm in Parameter-koordinaten der Flächenbe-schreibung
Werkzeuglängen-korrektur	●	●	●	●
3D-Werkzeug-geometriekorrektur	○	◑	◑	●
Aufspannlage-korrektur	○	●	●	●
NC-Datenmenge	sehr hoch	mäßig bis hoch	mäßig bis hoch	sehr gering
NC-Leistungs-fähigkeit	gering	mäßig	mäßig	sehr hoch

○ = nicht möglich ● = möglich ◑ = nur mit ergänzten Flächendaten möglich

Bild 3.2: Das Koordinatensystem und die NC-Funktionen

und die Flächendaten über den vorgegebenen Kurvennamen in dem Satz. Im folgenden wird auf die Möglichkeiten der direkten Bahnvorgabe in Parameterkoordinaten eingehen.

3.2.2 Flächenbezogene Bahn- und Orientierungsdefinition

3.2.2.1 Flächenkurve mit automatischer Orientierungsermittlung

Die erste zu definierende Führungsbahn ist eine beliebige Flächenkurve, die als Schnittlinie der Bearbeitungsfläche und einer Leitfläche vorkommt (Bild 3.1) oder aus Approximation der Flächenstützpunkte in Parameterkoordinaten zu einer Spline-Funktion entsteht. Zu dieser Führungsbahn gehört auch die häufig verwendete Parameterlinie, wobei ein Parameter der Fläche verändert wird, während der andere unverändert bleibt. Ein wesentlicher Vorteil der Definition einer Flächenkurve als Führungsbahn liegt darin, daß die Approximation in Parameterkoordinaten nicht zur Reduzierung der Bahngenauigkeit führt, da jeder in Parameterkoordinaten definierte Stützpunkt nach Transformation ins Werkstückkoordinatensystem exakt auf der Fläche liegt. Im Gegensatz dazu verursacht jede Approximation im Werkstück- oder Maschinenkoordinatensystem Bahnfehler. Die Spezifikation von Flächenkurven ist in allen international standardisierten Geometrieschnittstellen vorhanden. Bild 3.3 zeigt die primäre Darstellung einer Flächenkurve nach VDAFS. Die Definition einer Flächenkurve erfolgt in zwei Stufen. In der ersten Stufe wird eine zweidimensionale Kurve in Parameterkoordinaten der Flächenbeschreibung definiert. In der zweiten Stufe wird die Kurve mit Hilfe der Flächenbeschreibungsmatrizen von Parameterkoordinaten ins Werkstückkoordinatensystem transformiert.

Mit der Vorgabe dieser Führungsbahn ist möglich, daß die Steuerung die Fräserorientierung aus den berechneten Flächendaten im Fräsereingriffspunkt bestimmt. Eine wesentliche Frage daten im Fräsereingriffspunkt bestimmt. Eine wesentliche Frage dabei ist, wo die Grenze für eine sinnvolle steuerungsinterne automatische Bestimmung der Fräserorientierung liegt. Um diese Frage zu beantworten, ist eine Betrachtung des Einflußfaktors

Beispiel einer Kurve mit drei Segmenten auf einer Fläche

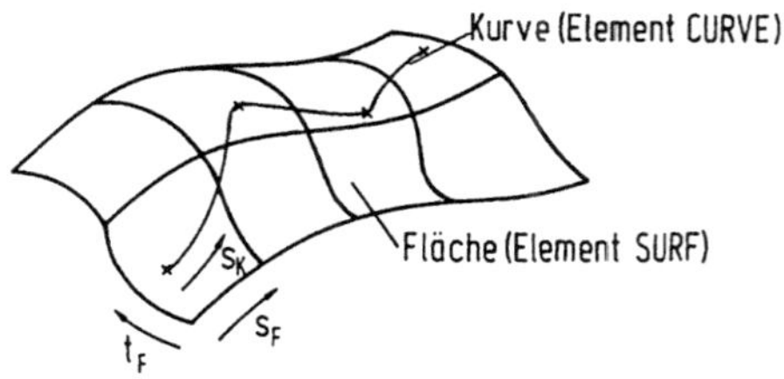

Darstellung der Beziehung Kurve-Fläche

Kurvenname= CONS/
Name des Elementes SURF,
Name des Elementes CURVE,
Anfangswert $s_{K,1}$ der Kurve (Element CURVE),
Endwert $s_{K,2}$ der Kurve (Element CURVE),
Anzahl der Kurvensegmente,
Parameterwerte s_K der Segmentgrenzen,

Polynomordnung l des ersten Segmentes,
$as_0 \dots as_{l-1}, at_0 \dots at_{l-1}$,
...
Polynomordnung l des letzten Segmentes,
$as_0 \dots as_{l-1}, at_0 \dots at_{l-1}$

mit: s_K: globaler Parameter der Kurve (Element CURVE)
s_F, t_F: globale Parameter der Fläche (Element SURF)
as, at: Koeffizienten

Berechnung der Parameterwerte $s_F = f(s_K)$, $t_F = f(s_K)$

$$s_F = \sum_{j=0}^{l} as_j \cdot s_K^j \qquad t_F = \sum_{j=0}^{l} at_j \cdot s_K^j$$

Bild 3.3: Flächenkurve nach VDAFS /18/

bei der Orientierungsbestimmung notwendig. Dabei kommen drei Faktoren in Betracht: die lokalen Krümmungsverhältnisse im Fräsereingriffspunkt, die Kollision zwischen der Fräserstirn und den Bearbeitungsflächen und die allgemeinen Kollisionsbetrachtungen (Bild 3.4).

Es ist nicht sinnvoll, die allgemeinen Kollisionsbetrachtungen in Echtzeit zu realisieren. Die lokale Betrachtung der Kollision zwischen der Fräserstirn und den Bearbeitungsflächen, im folgenden als "**vollständiger Konturschutz**" bezeichnet, ist sehr zeitaufwendig, da theoretisch die gesamte Projektionsfläche unter der Fräserstirn geprüft werden muß (Bild 3.4 a,c). Wegen fehlenden Informationen in der Steuerung über die unmittelbar nebenstehenden Flächen ist ein vollständiger Konturschutz unter Umständen nicht durchführbar. Die Überwachung der Kollision in Richtung des Bahnverlaufes, im folgenden "**Teilkonturschutz**" genannt, ist dagegen algorithmierbar und gewährleistet in den meisten Fällen eine kollisionsfreie Fräserführung. Zusammen mit der Betrachtung der lokalen Krümmungsverhältnisse im Fräsereingriffspunkt bildet die Betrachtung des Teilkonturschutzes eine sinnvolle Abgrenzung für eine steuerungsinterne automatische Orientierungsbestimmung. Eine zusätzliche Maßnahme zum vollständigen Konturschutz kann durch die explizite Vorgabe des minimalen Voreilwinkels erfolgen, falls bei der Fräserführung im Programmiersystem oder beim Programmtest an der Maschine festgestellt wird, daß der Teilkonturschutz nicht ausreichend ist.

Zum Teilkonturschutz kann der statische oder dynamische Voreilwinkel verwendet werden. Beim statischen Voreilwinkel bleibt der Fräserachsrichtungsvektor konstant zur Flächennormale. Beim dynamischen Voreilwinkel paßt sich der Fräserachsrichtungsvektor an die aktuellen Bahn- und Flächencharakteristiken an. Eine günstigere Flächenqualität und Bearbeitungszeit ist nur mit dynamischem Voreilwinkel zu erzielen.

Das NC-Programmiersystem soll zwei Datensätze für die Freiformflächenbearbeitung erzeugen (siehe auch Bild 2.11). Die erste Datei ist die NC-Programmdatei und bestimmt den Ablauf des Bearbeitungsvorgangs. Die zweite Datei ist die Geometriedatei und beinhaltet die Definition von Flächen und Kurven.

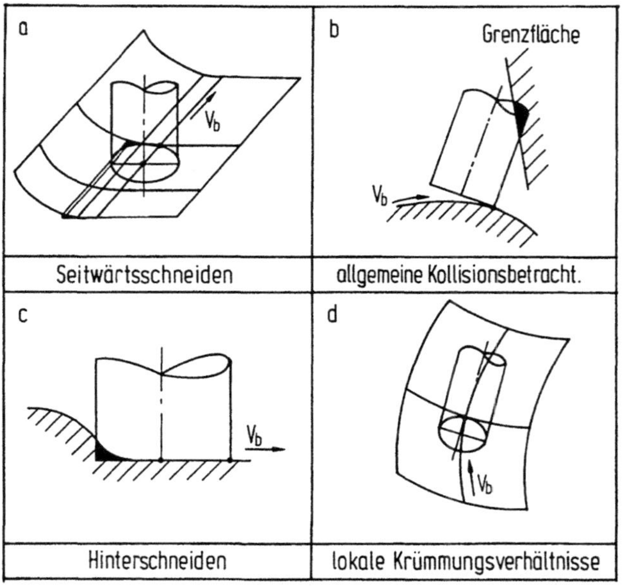

Bild 3.4: Einflußfaktoren bei der Bestimmung der Fräserorientierung

Die Abarbeitung in der Steuerung hat folgenden Ablauf: Vor Beginn der Flächenbearbeitung wird die Geometriedatei aus einem externen Massenspeicher geladen und in ein internes Format umgesetzt. Mit Hilfe des vorgegebenen Kurvennamens wird der Zugriff auf steuerungsinterne Kurven- und Flächendaten ermöglicht. Die Fräserorientierung für diese Führungsbahn wird aus den Flächen- und Fräserdaten unter Berücksichtigung des Teilkonturschutzes automatisch berechnet. Bild 3.5 zeigt die in der

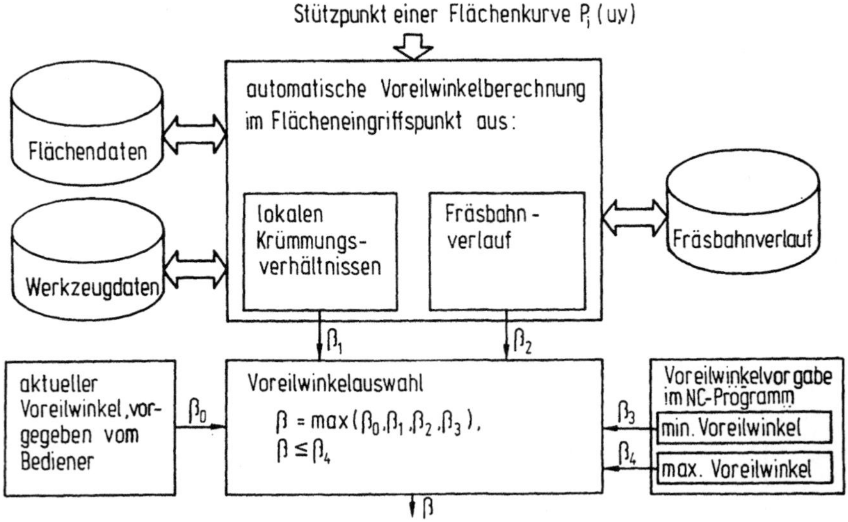

Bild 3.5: Steuerungsinterne Ermittlung des dynamischen Voreilwinkels

Steuerung durchgeführte automatische Ermittlung des dynamischen Voreilwinkels. Anschließend folgt die Korrekturberechnung für den aktuell im Einsatz befindlichen Fräsertyp (3D-Werkzeuggeometriekorrektur).

Voraussetzung für eine Vorgabe der Flächenkurve als Führungsbahn mit automatischer Orientierungsbestimmung ist, daß der in der Steuerung durchgeführte Teilkonturschutz eine kollisionsfreie Bearbeitung gewährleistet. Falls außer dem Teilkonturschutz noch andere Faktoren zur kollisionsfreien Bearbeitung berücksichtigt werden müssen, muß auf die Vorgabe der Flächenkurve mit automatischer Orientierungsbestimmung als Führungsbahn verzichtet werden.

3.2.2.2 Flächenkurve mit expliziter Drehwinkelvorgabe

Kollisionen bei fünfachsigen Fräsbearbeitungen lassen sich am häufigsten durch Beeinflussung der Fräserorientierung vermeiden. Für eine Bearbeitung im Grenzgebiet unter Berücksichtigung von Grenzflächen ist die in Abschnitt 3.2.2.1 erwähnte automatische Orientierungsbestimmung nicht sinnvoll. Die Orientierung muß explizit vorgegeben werden, um eine potentielle oder tatsächliche Kollisionsgefahr zu vermeiden.

Zur Festlegung der Werkzeugorientierung gibt es verschiedene Möglichkeiten. Die Vorgabe des Achsrichtungsvektors ist zu diesem Zweck nicht geeignet, da eine lineare Interpolation der Orientierung auf der von Anfangs- und Endachsrichtungsvektor aufgespannten Ebene zu einer Flächenverletzung führen kann. Um eine kollisionsfreie Bearbeitung zu gewährleisten, muß die Werkzeugorientierung in einer höheren Form, zum Beispiel als Spline, vorgegeben werden. Dies hat jedoch den Nachteil, daß unter Umständen eine 3D-Werkzeuggeometriekorrektur nicht möglich ist. Bild 3.6 zeigt eine gute Möglichkeit zur Festlegung der Werkzeugorientierung durch Vorgabe von drei Drehwinkeln, die die aktuelle Flächennormale und Bahntangente berücksichtigen. Die drei Drehwinkel werden folgendermaßen festgelegt:
Es wird ein Bezugskoordinatensystem TB-TN-FN im Stützpunkt der Flächenkurve auf folgende Weise festgelegt: Der Vektor FN ist identisch mit der Flächennormalen. Der Vektor TB ergibt sich aus der Bahntangente (Bild 3.7). Der Vektor TN ergibt sich aus dem Vektorprodukt FN x TB.

Der erste Drehwinkel A ist definiert durch die Drehung um den Vektor TN und ist identisch mit dem Voreilwinkel. Der zweite Drehwinkel B ist definiert durch die Drehung um den Vektor FN. Der dritte Drehwinkel C ist definiert durch die Drehung um den Vektor TB. Die erste und die zweite Drehung hat eine anschauliche Bedeutung für die Kollisionsvermeidung beim Stirnfräsen. Ein positiver Drehwinkel A vermeidet eine Unterschneidung in

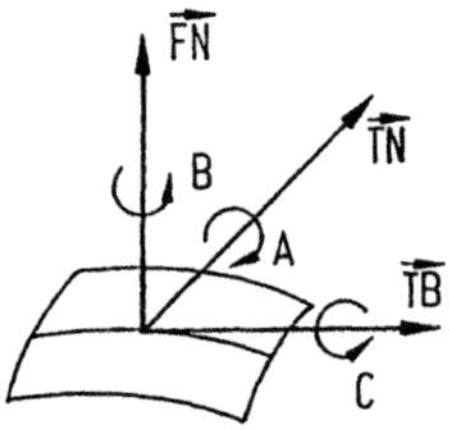

Reihenfolge der Drehung:

A → B → C

Orientierungsmatrix im Koordinatensystem ($\vec{TB}$, $\vec{TN}$, $\vec{FN}$):

$$T_{ABC} = T_C \cdot T_B \cdot T_A$$

Drehmatrix

$$T_A = \begin{bmatrix} \cos A & 0 & \sin A \\ 0 & 1 & 0 \\ -\sin A & 0 & \cos A \end{bmatrix}$$

$$T_B = \begin{bmatrix} \cos B & -\sin B & 0 \\ \sin B & \cos B & 0 \\ 0 & 0 & 1 \end{bmatrix}$$

$$T_C = \begin{bmatrix} 1 & 0 & 0 \\ 0 & \cos C & -\sin C \\ 0 & \sin C & \cos C \end{bmatrix}$$

Bild 3.6: Definition der Fräserorientierung durch Vorgabe von drei Drehwinkeln

Richtung des Bahnverlaufes. Der Drehwinkel B ermöglicht eine Drehung der Fräserachsrichtung um die Flächennormale. Für das fünfachsige Stirnfräsen mit einem Schaftfräser mit oder ohne Eckenradius reichen die Drehwinkel A und B aus. Der dritte Drehwinkel C kann zur Verletzung der Bearbeitungsfläche führen und wird nicht verwendet. Der Drehwinkel C ist für das fünfachsige Umfangsfräsen von Regelflächen notwendig. Bei zwei sich aneinander anschließenden Fräsbahnen dieser Bahnart muß darauf geachtet werden, daß die Bahntangenten an der Übergangsstelle stetig sind.

Die Abarbeitung in der Steuerung sieht folgendermaßen aus: An jedem Stützpunkt der Flächenkurve wird das Bezugskoordinatensystem TB-TN-FN gebildet (Bild 3.7 b). Durch die explizite Vorgabe der Drehwinkel entfällt die zeitaufwendige steuerungsin-

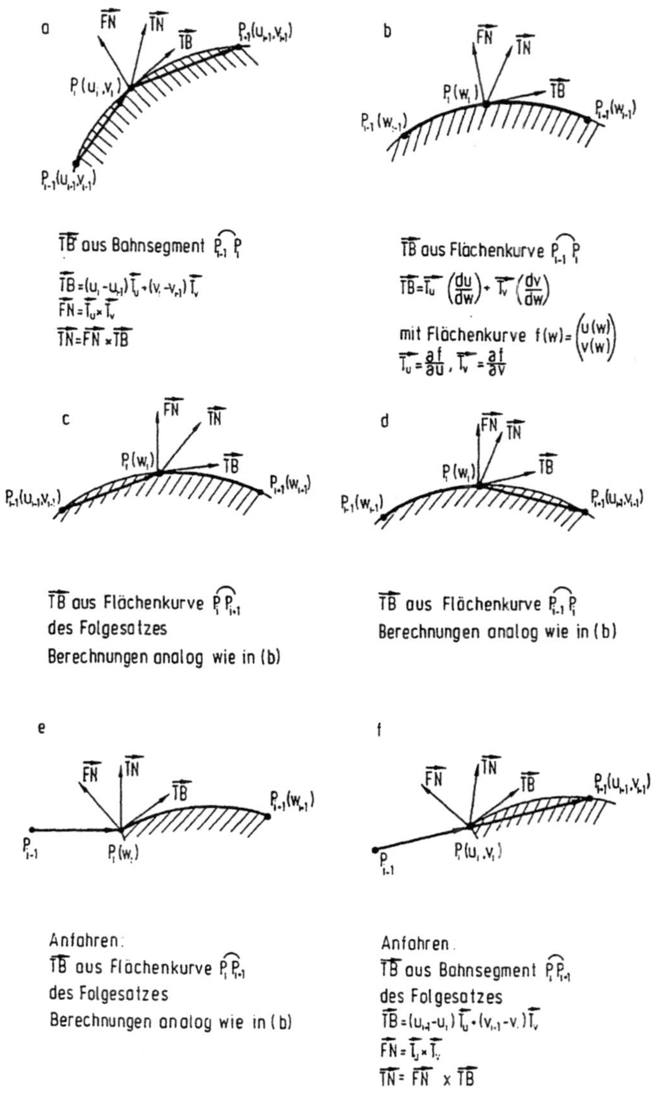

Bild 3.7: Festlegung des Koordinatensystems TB-TN-FN

terne Ermittlung des dynamischen Voreilwinkels. Die Drehwinkel werden im Bezugskoordinatensystem TB-TN-FN linear interpoliert. Daraus resultiert eine dynamisch an die Flächennormale angepaßte Werkzeugorientierung im Werkstückkoordinatensystem. Die Fräserspitzenposition und Orientierung im Werkstückkoordinatensystem ergeben sich aus den drei interpolierten Drehwinkeln und dem aktuellen Frästertyp.

3.2.2.3 Flächenpunkt mit expliziter Drehwinkelvorgabe

Um eine beliebige Einstellung der Werkzeugposition und -orientierung bei der Freiformflächenbearbeitung unter Berücksichtigung von Grenzflächen zu ermöglichen, wird eine Geradebahn aus expliziter Vorgabe von Flächenpunkt und drei Drehwinkeln definiert. Damit ist die 3D-Werkzeuggeometriekorrektur auch für Bearbeitungen im Grenzgebiet möglich (Bild 3.8). Das Koordinatensystem TB-TN-FN wird aus der aktuellen Bahn in Parameterkoordinaten berechnet (Bild 3.7 a). Nach der 3D-Werkzeuggeometriekorrektur wird zwischen der vergangenen und der neuen Ziel-Werkzeugspitzenposition und -orientierung im Werkstückkoordinatensystem linear interpoliert.

Der Vorteil dieser Geradebahn liegt in dem Verzicht auf die Stetigkeit der Bahntangente zwischen zwei nacheinander folgenden Bahnen und damit der vollen Möglichkeit zur kollisionsfreien Einstellung des Werkzeugs im Grenzgebiet. Der Nachteil ist jedoch die begrenzte Bahngenauigkeit, die aus der linearen Interpolation der Fräserspitzenposition und -orientierung resultiert.

3.2.2.4 Anfahren an den Flächenrand

Für den Satz zum Anfahren an den Flächenrand ist eine spezielle Behandlung notwendig, um das Bezugskoordinatensystem TB-TN-FN eindeutig festzulegen. Der Vektor FN ist wie vorher identisch mit der Flächennormalen. Da das Anfahren auch in Richtung der Flächennormalen erfolgen kann, ist eine Bildung des Koordinatensystems TB-TN-FN aus der Anfahrbewegung nicht immer möglich. Der Vektor TB des Anfahrsatzes wird deshalb immer aus dem Folgesatz abgeleitet (Bild 3.7 e,f). Es muß nach einem Satz zum Anfahren an den Flächenrand immer ein Satz mit oben definierter Bahnart folgen, was jedoch keine Einschränkung für die fünfachsige Fräsbearbeitung bedeutet. Die Abarbeitung eines Anfahrsatzes in der Steuerung ist analog zu der eines Flächenpunktsatzes.

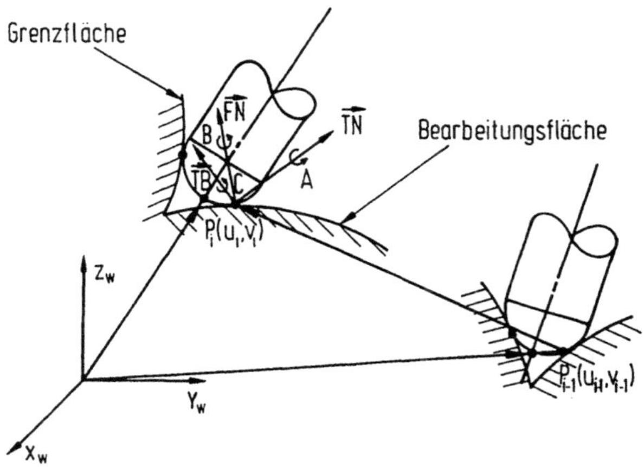

Bild 3.8: Flächenpunktvorgabe mit Berücksichtigung von Grenzflächen

3.2.2.5 Übergang zwischen den Sätzen

Um einen kontinuierlichen Übergang der Fräserspitzenposition und Orientierung von einem Satz zum anderen mit unterschiedlichen Bahn- oder Orientierungsdefinitionen zu gewährleisten, wird ein Übergangssatz eingeführt (Bild 3.7 c). Der Vektor TB wird wie beim Anfahrsatz aus dem Folgesatz abgeleitet.

Ein Übergangssatz kann auch zur Vorbesetzung der Bahnparameter beim Übergang zu einer auf einer zweiten Fläche liegenden Bahn dienen. Hierzu wird kein Anfahrsatz verwendet, da die vorangehende Bahn auf einer Bearbeitungsfläche liegt. Auch gilt für den Übergangssatz die Vorschrift, daß nach einem Übergangssatz immer ein Satz mit oben definierter Bahn folgen muß. Bei der Abarbeitung eines Übergangssatzes in der Steuerung wird zuerst geprüft, ob der Übergangssatz zum Zweck der Parametervorbesetzung dient. Dies liegt dann vor, falls nach einer 3D-Werkzeuggeometriekorrektur weder eine Positions- noch eine Orientierungsänderung festgestellt wird. Andernfalls wird zwischen der vorangehenden und der aktuellen Werkzeugspitzenposition und -orientierung linear interpoliert.

3.2.3 Regelfläche

3.2.3.1 Begriffe

Eine Regelfläche entsteht durch Bewegung einer Geraden im Raum. Die erzeugende Gerade wird als Regelstrahl bezeichnet. Die Begrenzungslinien, die aus den Randpunkten der Regelstrahlen bestehen, werden Grund- und Scheitelleitlinien genannt /52/. Es wird zwischen abwickelbarer und verwundener Regelfläche unterschieden (Bild 3.9). Eine abwickelbare Regelfläche ist dadurch gekennzeichnet, daß sie auf eine Ebene abgewickelt werden kann. Die Flächennormalen aller Punkte eines Regelstrahls sind kollinear. Eine verwundene Regelfläche läßt sich demgegenüber nicht auf eine Ebene abwickeln. Die Flächennormalen aller Punkte eines Regelstrahls sind nicht kollinear.

Für die Fertigung von Regelflächen kann entweder das fünfachsige Stirnfräsen oder Umfangsfräsen eingesetzt werden. Beim Einsatz des fünfachsigen Stirnfräsens können die in Abschnitt 3.2 durchgeführten Bahndefinitionen ohne weiteres angewandt werden. Beim Einsatz des fünfachsigen Umfangsfräsens kommen die Eigenschaften der Regelflächen bei der Bahndefinition in Betracht.

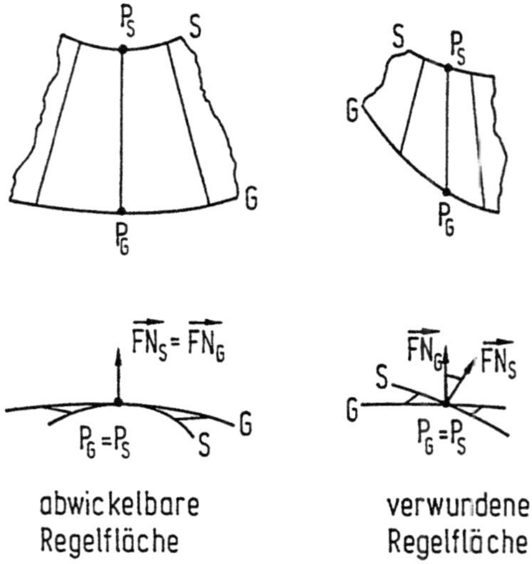

Bild 3.9: Abwickelbare und verwundene Regelfläche /52/

3.2.3.2 Flächenkurven für die verwundene Regelflächenbearbeitung

Die Technologie und die Teileprogrammierung für das fünfachsige NC-Umfangsfräsen verwundener Regelflächen wurde in /52/ ausführlich behandelt. Die Untersuchung zeigt, daß bei der Bearbeitung von verwundenen Regelflächen eine einzige Winkeleinstellung optimal für einen Unterschnittausgleich ist. Weitere Maßnahmen zum Konturschutz sind nicht erforderlich.

Es wird vereinbart, daß eine der beiden Parameterlinien den Regelstrahl bildet. Die Grund- und die Scheitelleitlinie werden durch einen einzigen Kurvenparameter gekoppelt (Bild 3.10). Die

Vorschubgeschwindigkeit wird allein von der Grundleitlinie bestimmt.

In der Steuerung läuft die Abarbeitung eines Flächenkurvensatzes für die verwundene Regelflächenbearbeitung nach folgendem Schema ab: Mit Hilfe der vorgegebenen Kurvennamen von Grund- und Scheitelleitlinie wird der Zugriff zu steuerungsinternen Kurven- und Flächendaten ermöglicht. Die Flächenstützpunkte an Grund- und Scheitelleitlinie, aus denen sich der Regelstrahl bildet, werden mit Hilfe des Kurvenparameters der Grundleitlinie berechnet. Es folgt die 3D-Fräsergeometriekorrektur /18/, wobei der optimale Einstellwinkel relativ zur Regelstrahlrichtung verwendet wird. Die abwickelbare Regelfläche ist ein Sonderfall der verwundenen Regelfläche und braucht keine besondere Behandlung.

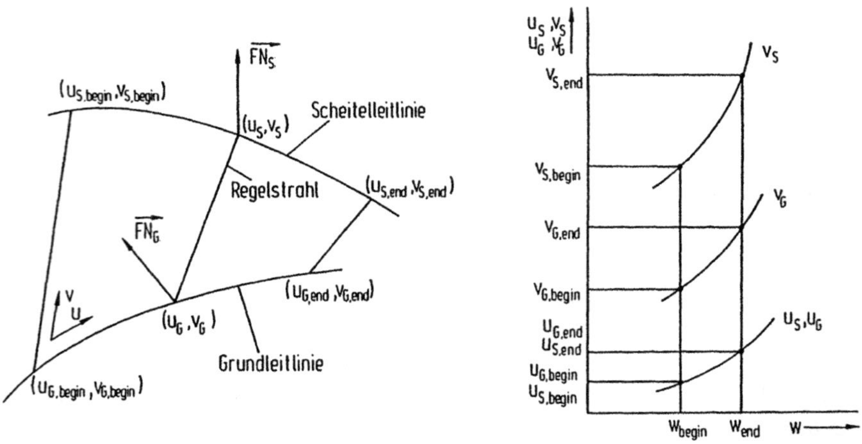

Regelstrahl in u-Richtung: $v_S(w) = v_G(w)$
v-Richtung: $u_S(w) = u_G(w)$
abwickelbare Regelfläche: $\overrightarrow{FN_S} = \overrightarrow{FN_G}$

Bild 3.10: Bahnvorgabe für die Regelflächenbearbeitung

Für die Vorbearbeitung von verwundenen Regelflächen ist eventuell ein Voreilwinkel in Bahntangentenrichtung vorteilhaft, um eine Spänebildung in Fräserachsrichtung zu vermeiden und eine hohe Vorschubgeschwindigkeit zu ermöglichen /52/. Dieser Voreilwinkel führt jedoch in jedem Fall zu Unterschneidungen und darf nur für die Bearbeitung einer nahe liegenden Offsetfläche eingesetzt werden. Der Voreilwinkel läßt sich jedoch nicht eindeutig aus dem aktuellen Bahnverlauf definieren. Es wird deshalb für diese Bearbeitungsaufgabe der in Abschnitt 3.2.2.2 definierte Flächenpunktsatz mit expliziter Orientierungsvorgabe verwendet. Der Flächenpunkt soll ein Stützpunkt auf der Offsetfläche sein und alle drei Drehwinkel müssen vorgegeben werden. Der Drehwinkel A beträgt 90 Grad, um den Schaftfräser auf der tangentialen Ebene zu versetzen (Bild 3.11). Der Drehwinkel B ist der Winkel zwischen dem Vektor $\underline{TB}$ und der Regelstrahlrichtung $\underline{T}_u$ oder $\underline{T}_v$.

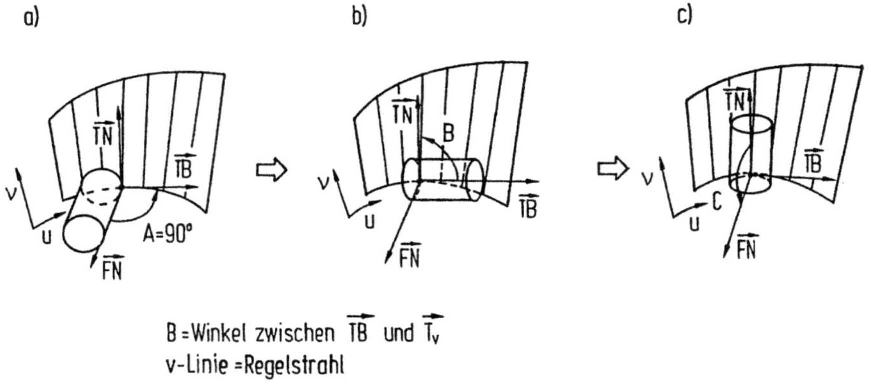

Bild 3.11: Drehwinkel für die Bearbeitung von Regelflächen

3.2.4 Flächenzugehörigkeit

Es gibt die Besonderheit, daß die Flächenzugehörigkeit einer Flächenkurve oder eines Flächenpunktes nicht eindeutig ist, falls die Flächenkurve oder der Flächenpunkt gerade auf der Flächenelementgrenze liegt (Bild 3.12, Bild 3.13). Um das gültige Flächenelement eindeutig festzulegen, ist eine zusätzliche Vorgabe über die Flächenzugehörigkeit notwendig.

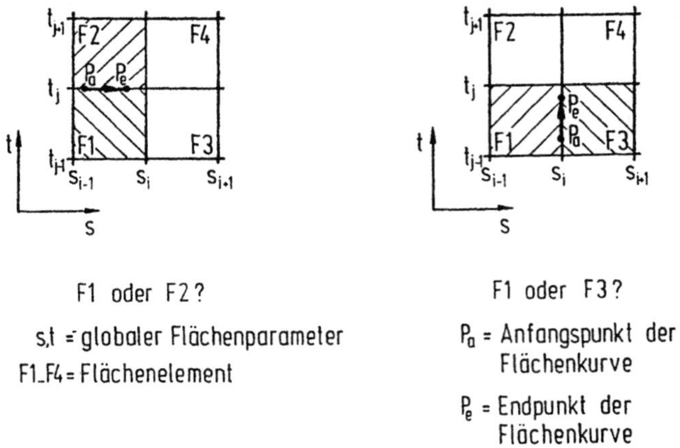

Bild 3.12: Mehrdeutige Flächenzugehörigkeit einer Flächenkurve

3.2.4.1 Flächenkurve

Bei der Fräserradiuskorrektur erfolgt die Auswahl der Korrekturrichtung durch Vorgabe der G-Funktionen G41 bzw. G42. Analog dazu kann die Flächenzugehörigkeit einer Flächenkurve durch Auswahl der gültigen Flächenseite "RECHTS" oder "LINKS" festgelegt werden. Die Definition der Flächenseite bezieht sich auf die vorgesehene Bahntangentenrichtung. Durch die Vorgabe der Flächenseite "RECHTS" kann ein Flächenelement gewählt werden, das einen kleineren oder größeren Flächenindex besitzt (Bild 3.14, Fall e,g).

Bei der Bestimmung der Flächenzugehörigkeit eines Stützpunktes auf einer Flächenkurve, der gerade an Flächenelementgrenzen in Querrichtung liegt, muß außer der vorgegebenen Flächenseite zusätzlich die Tendenz der Indexänderung einbezogen werden. Für den dem Endbahnparameter entsprechenden Stützpunkt gelten die vorhergehenden Flächenelementindizes. Für den dem Anfangsbahnparameter entsprechenden Stützpunkt oder den Zwischenstützpunkt gelten die kommenden Flächenelementindizes.

3.2.4.2 Flächenpunkt

Die Flächenzugehörigkeit eines Flächenpunktes an Flächenelementgrenzen, der als Zielpunkt eines Flächenpunktsatzes definiert ist, läßt sich durch Vorgabe eines weiteren Hilfspunktes festlegen, der eine eindeutige und identische Flächenzugehörigkeit wie der Flächenpunkt aufweist (Bild 3.15). Aus Gründen der Einfachheit wird vereinbart, daß die Flächenzugehörigkeit des Zielpunktes immer mittels des Hilfspunktes bestimmt wird, auch wenn die Flächenzugehörigkeit des Zielpunktes eindeutig ist.

3.3 Spezifikation

Die erweiterte NC-Programmierschnittstelle basiert auf DIN 66025. Die Stützpunkte für konventionelle Bahnen wie zum Beispiel Gerade und Kreis werden im Werkstückkoordinatensystem vorgegeben. Die Orientierung des Werkzeuges wird durch Vorgabe des Achsrichtungsvektors festgelegt.

Die Spezifikation von erweiterten Führungsbahnen kann durch Definition von unbenutzten Buchstaben in DIN 66025 erfolgen. Der Nachteil dieser Lösung liegt darin, daß daraus eine internationale Standardisierung wegen der Vielfältigkeit der Steue-

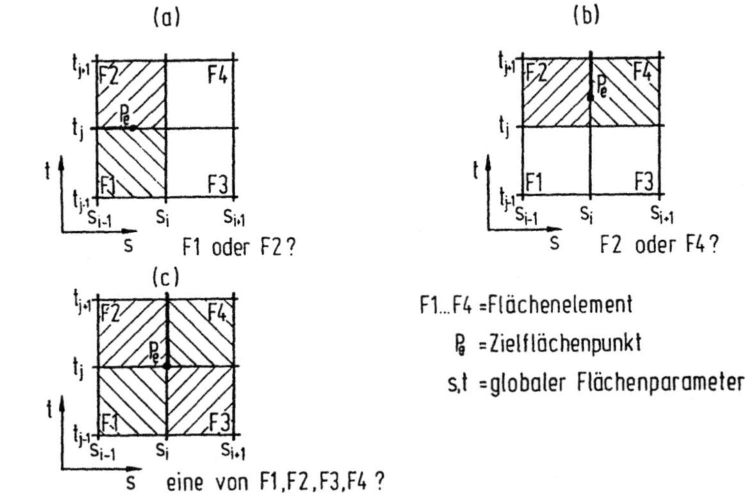

Bild 3.13: Mehrdeutige Flächenzugehörigkeit eines Flächenpunktes

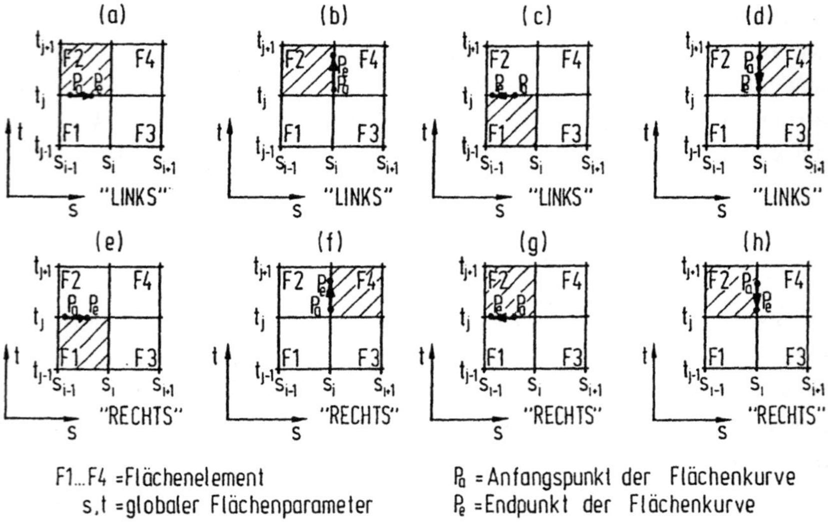

Bild 3.14: Festlegung der Flächenzugehörigkeit einer Flächenkurve durch Vorgabe der Flächenseite

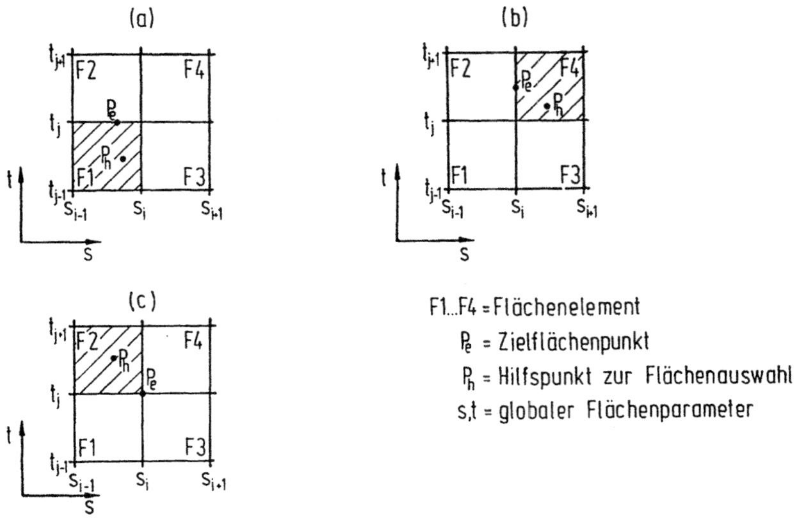

Bild 3.15: Festlegung der Flächenzugehörigkeit eines Flächenpunktes durch Vorgabe eines Hilfspunktes

rungsfunktionen sehr schwierig ist. In jeder Steuerung gibt es eine Vielzahl von Sonderfunktionen, die von den Herstellern nach eigenem Bedarf definiert werden. Eine Vereinbarung über die unbenutzten Buchstaben ist, national und international gesehen, fast unmöglich. Eine weitere Möglichkeit liegt in der Definition einer eigenen Syntax, die klar vom buchstabenorientierten DIN 66025-Format abweicht und doch mit DIN 66025 konform sein kann. Dazu bietet das "Extended Data Format" des ISO-Vorschlages eine Möglichkeit. Der erweiterte Befehl hat folgende Struktur:

N [Schlüsselwort (Parameterliste)]

Der Buchstabe N wird zur Angabe der Satznummer weiterverwendet. Die eckigen Klammern grenzen die Definition der Erweiterung ab. Das Schlüsselwort bestimmt die Art des NC-Satzes. Die Parameterliste gibt die zur Durchführung des Befehls notwendigen Informationen vor. Bild 3.16 zeigt die Schlüsselworte und die dazu gehöhrenden Führungsbahnen. Die Informationen zur Festlegung der Bewegungsart und zur Bewegungsbeeinflussung werden zu einer bitdecodierten Variablen zusammengefaßt (Bild 3.17). Die Syntax-Diagramme werden in Bild 3.18 bis Bild 3.20 dargestellt.

Schlüsselwort	Fräserführung und Bahnvorgabe
CONS	fünfachsiges Stirnfräsen von Freiformflächen mit Vorgabe der Flächenkurve (Curve On Surface)
COONS	fünfachsiges Fräsen von Freiformflächen mit Vorgabe von Flächenkurve und drei Drehwinkeln (Curve and Orientation On Surface)
POONS	fünfachsiges Fräsen von Freiformflächen mit Vorgabe von Zielpunkt und drei Drehwinkeln (Point and Orientation On Surface)
CONTRS	fünfachsiges Umfangsfräsen von verwundenen Regelflächen mit Vorgabe von Grund- und Scheitelleitlinie (Curve On Twisted Ruled Surface)
CONDRS	fünfachsiges Umfangsfräsen von abwickelbaren Regelflächen mit Vorgabe der Grundleitlinie (Curve On Developable Ruled Surface)

Bild 3.16: Überblick über die definierten Führungsbahnen in der neuen Programmierschnittstelle

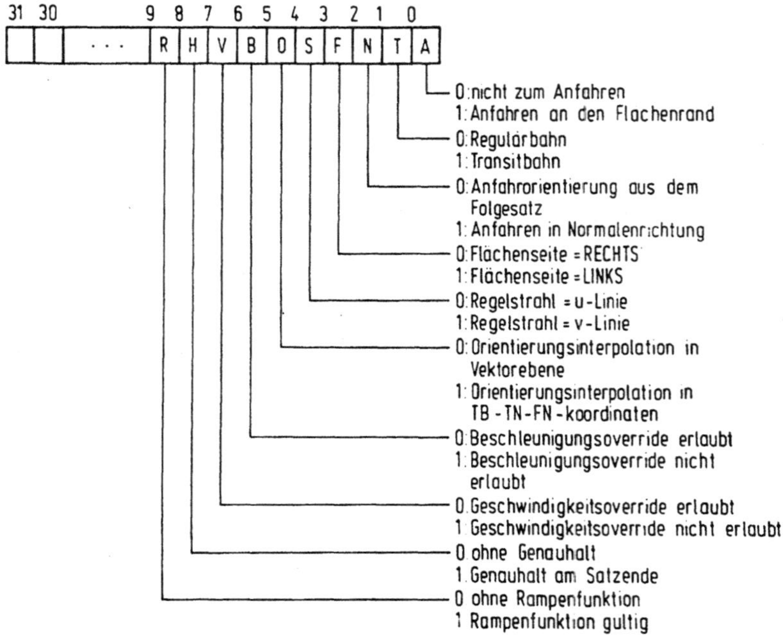

Bild 3.17: Definition der Variable "Bewegungsart"

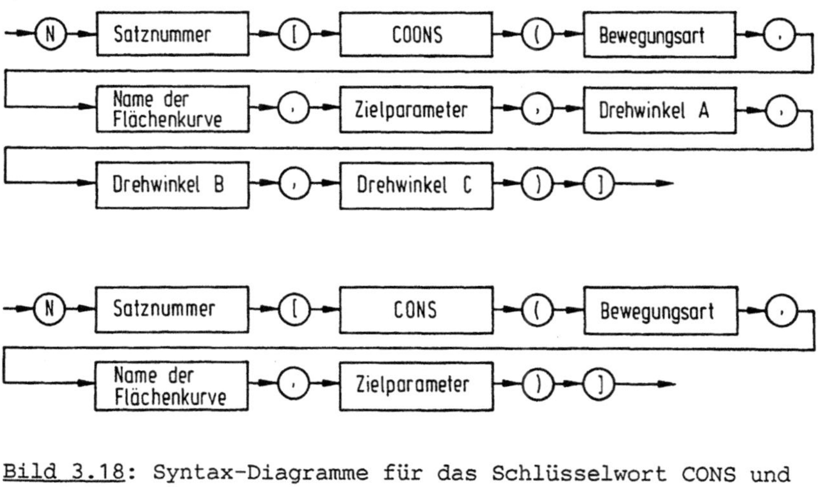

Bild 3.18: Syntax-Diagramme für das Schlüsselwort CONS und COONS

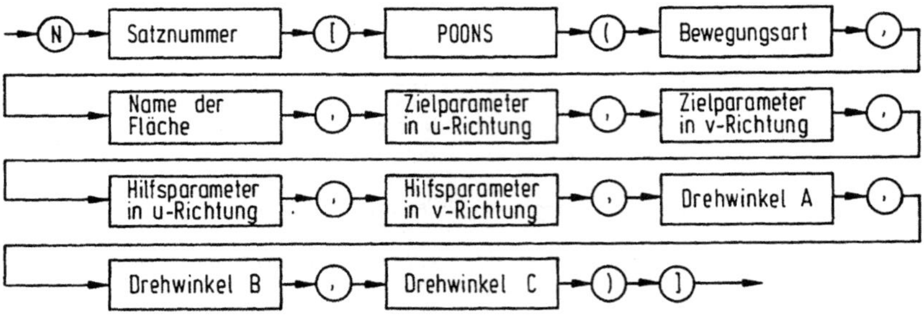

Bild 3.19: Syntax-Diagramme für das Schlüsselwort POONS

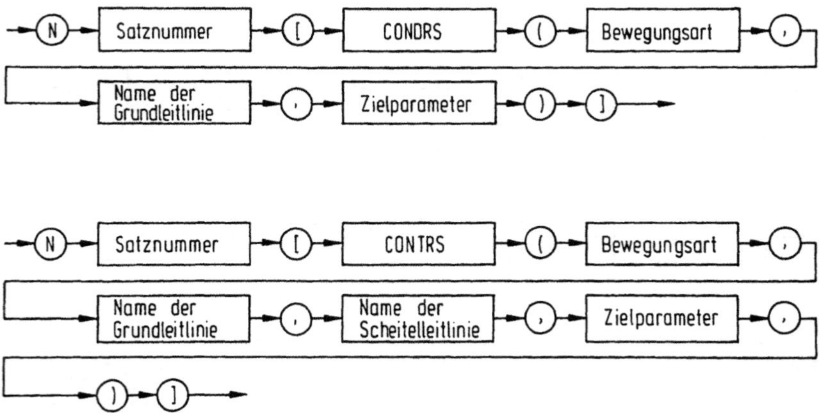

Bild 3.20: Syntax-Diagramme für das Schlüsselwort CONDRS und CONTRS

Zusätzlich zu der Definition von bewegungerzeugenden Schlüsselworten werden funktionabhängige Schlüsselworte definiert, um die Randbedingungen für die Flächenbearbeitung festzulegen und eine einfache Synchronisierung zwischen Bewegungserzeugung und Funktionsabwicklung zu gewährleisten (Bild 3.21).

SET_CUTMODE:	Festlegung des Bearbeitungsmodus
SET_A_MIN:	Festlegung des minimalen Voreilwinkels
SET_A_MAX:	Festlegung des maximalen Voreilwinkels
SET_OFFSET:	Offset des Werkzeugs in Achsrichtung
FILE_OPEN:	Öffnen einer Datei
FILE_CLOSE:	Schließen einer Datei
SET_TOOL_NAME:	Vorgabe des aktuellen Werkzeugnamens
SET_FN_SIGN:	Festlegung der Richtung der Flächennormale

Bild 3.21: Schlüsselwort zur Unterstützung der NC-Programmierung in Parameterkoordinaten der Flächenbeschreibung

Bild 3.22 zeigt als Beispiel die Führungsbahnen und den Programmabschnitt. Die Randbedingungen für die fünfachsige Bearbeitung werden am Anfang durch die Funktionssätze festgelegt. Zur Bearbeitung der Teilfläche SURF02 werden im Programmiersystem zusätzliche Teilflächen SURF01 und SURF03 zum An- und Ausfahren generiert. Die Flächenkurven CONS01, CONS02, CONS03 und CONS04 und die Verbindungsstrecken mit den Satznummern N210, N260 und N270 bilden ein mänderförmiges Bearbeitungsmuster. Diese hybride Programmierung aus konventioneller DIN 66025 und den hier spezifizierten Erweiterungen gestattet es, eine komplette Werkstückbearbeitung auf einer fünfachsigen Fräsmaschine durchzuführen.

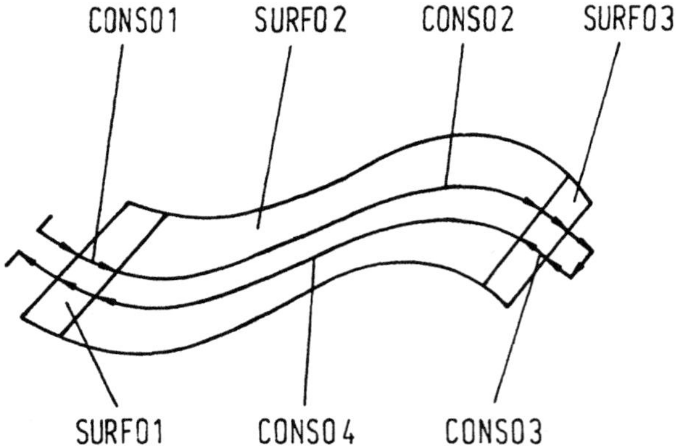


```
    :

N100  [FILE_OPEN("FLAECHEN.SRC",VDA)]
N110  [FILE_OPEN("TOOL.SRC",TOOL)]
N120  [SET_TOOL_NAME("T0001")]
N130  [SET_CUTMODE(FIVE_AXIS)]
N140  [SET_FN_SIGN(POSITIVE)]

      :
      :

N210  [CONS("CONS01",1,0.0)]
N220  [CONS("CONS01",0,1.0)]
N230  [CONS("CONS02",2,0.0)]
N240  [CONS("CONS02",0,1.0)]
N250  [POONS("SURF03",0,1.0,0.5,0.5,0.5,5.0,0,0)]
N260  G01 X100 Y10 Z20
N270  G01 Y50 Z30
N280  [CONS("CONS03",1,1.0)]
N290  [CONS("CONS03",0,0.0)]
N300  [CONS("CONS04",2,1.0)]
N310  [CONS("CONS04",0,0.0)]
N320  [POONS("SURF01",0,0.0,0.3,0.5,0.3,0,0,0)]
N330  G01 X-100 Y-50 Z -50

      :
      :

N500  [FILE_CLOSE("TOOL.SRC",TOOL)]
N510  [FILE_CLOSE("FLAECHEN.SRC",VDA)]
```

Bild 3.22: Fünfachsige Freiformflächenbearbeitung mit hybrider Programmierung aus DIN 66025 und Erweiterungen

3.4 Untersuchung zur Datenreduktion

Um den Vorteil der Programmierung in Parameterkoordinaten der Flächenbeschreibung hinsichtlich der Datenreduktion zu verdeutlichen, wird die notwendige Satzanzahl bei einer fünfachsigen Fräsbearbeitung einer Halbkugeloberfläche untersucht. Die Parameterdarstellung einer Halbkugelfläche in homogenen Koordinaten /60/ ist in Bild 3.23 dargestellt. Zu ermitteln ist die Satzanzahl zur Bearbeitung der Halbkugelfläche entlang einer v-Parameterlinie. Die Parameterschrittbreite in u-Richtung ist konstant.

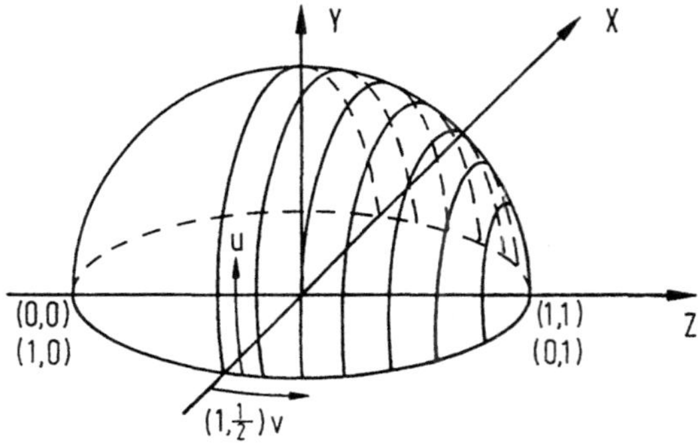

x,y,z,w = homogene Koordinaten

X,Y,Z = kartesische Koordinaten

$X = \frac{x}{w}$ $\quad Y = \frac{y}{w}$ $\quad Z = \frac{z}{w}$

$x(u,v) = (2u-1)(-2v^2+2v)$

$y(u,v) = (-2u^2+2u)(-2v^2+2v)$

$z(u,v) = (2u^2-2u+1)(2v-1)$

$w(u,v) = (2u^2-2u+1)(2v^2-2v+1)$

Bild 3.23: Parameterdarstellung einer Halbkugelfläche

Bild 3.24 zeigt die ermittelten Ergebnisse. Die Satzanzahl bei Vorgabe mit linearen Sätzen hängt von der Linearisierungstoleranz und der Parameterschrittbreite ab. Bei extrem hohen Anforderungen mit strenger Toleranzvorgabe ergibt sich eine Datenreduktion durch Vorgabe von Flächenkurven um den Faktor 120.

Für den Normalfall liegt dieser Faktor bei etwa 50. Hier wird lediglich die Anzahl der NC-Sätze zum Vergleich herangezogen. Die reale Reduktion der Datenmenge ist noch größer, da der Informationsgehalt eines linearen Satzes mit zusätzlichen Hilfsinformationen zur Fräsergeometriekorrektur wesentlich höher ist als der in einem Flächenkurvensatz.

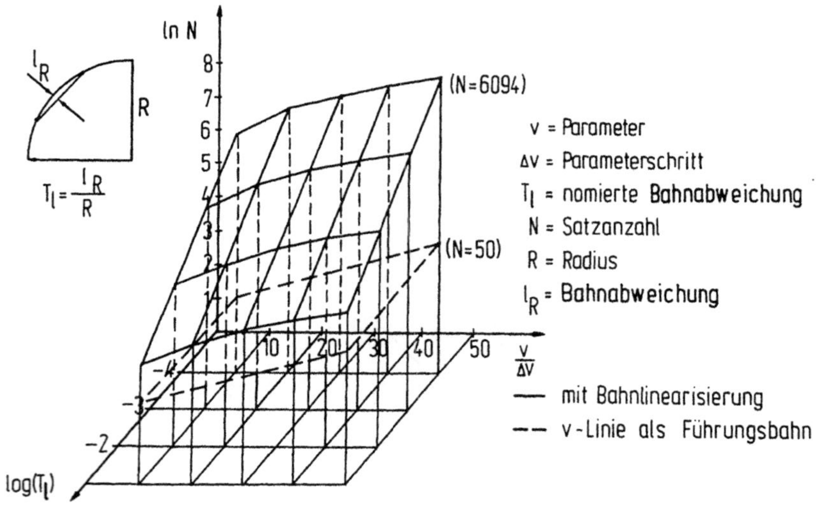

Bild 3.24: Satzanzahl für die Bearbeitung einer Halbkugelfläche

Die in diesem Kapitel definierten Führungsbahnen sind in Polynomform dargestellt, derer Verarbeitung in der Steuerung neue Interpolationsverfahren und -struktur verlangt. Im folgenden Kapitel wird deshalb zuerst auf die Möglichkeit einer einheitlichen steuerungsinternen Bahndarstellung in Polynomform eingehen und daraus resultierend ein neues Verfahren zur allgemeinen Polynominterpolation vorgestellt.

4 Allgemeine Polynominterpolation zur Sollwerterzeugung

Die Freiformkurven und -flächen sind überwiegend in Polynomform dargestellt. Da alle Kurven zweiter Ordnung auch in rationaler Polynomform exakt dargestellt werden können /57/, ist es günstig, die Polynomdarstellung als einheitliche Bahndarstellung in der Steuerung zu nutzen und darauf basierend einen allgemeinen Polynominterpolator für alle Bahnen anzuwenden (Bild 4.1). Der Vorteil liegt zum einen in der Vereinfachung von Struktur und Ablaufsteuerung der Interpolation und damit der Reduzierung des Rechenaufwands. Zum anderen können mit der Einführung der in Kapitel 3 vorgestellten Geometrie- und NC-Programmierschnittstelle neue Bahnen wie zum Beispiel Ellipse oder Freiformkonturen programmiert und von der Steuerung unterstützt werden.

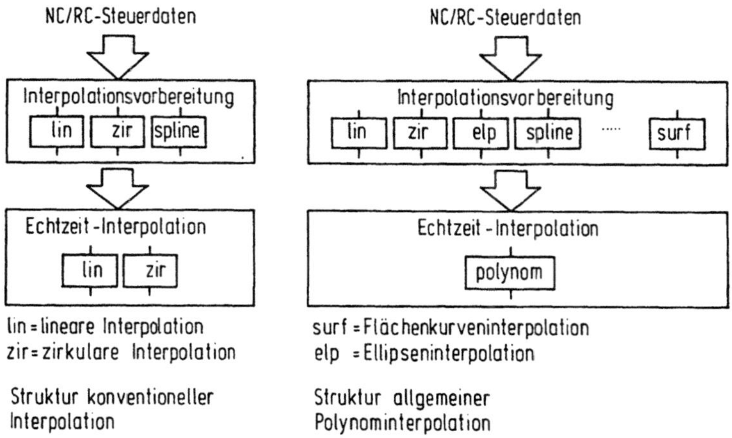

Bild 4.1: Allgemeine Polynominterpolation zur Sollwerterzeugung

Im folgenden werden zuerst verschiedene Möglichkeiten zur Kurvendarstellung betrachtet. Anschließend wird die Vorgehensweise zur einheitlichen Bahndarstellung in Polynomform diskutiert und die Struktur der allgemeinen Polynominterpolation aufgezeigt. Die Interpolation von Flächenkurven bei der fünfachsigen Freiformflächenbearbeitung wird im nächsten Kapitel behandelt.

4.1 Definitionsmöglichkeit für Kurven

Eine ebene Kurve läßt sich im kartesischen Koordinatensystem auf eine der folgenden Arten definieren:

- in expliziter Form $y = f(x)$,
- in impliziter Form $F(x,y) = 0$,
- in Parameterform $x = x(t), \quad y = y(t)$.

Eine Raumkurve liegt im allgemeinen in Parameterform vor:

$$x = x(t), \quad y = y(t), \quad z = z(t).$$

Die in Kapitel 3 definierte Flächenkurve hat folgende Parameterform:

$$x = x(u(t),v(t)), \quad y = y(u(t),v(t)), \quad z = z(u(t),v(t)).$$

Die explizite Kurvenbeschreibung ist wegen der unsymmetrischen Darstellungsform und einer dadurch bevorzugten Koordinate nicht geeignet für die Interpolation /54/. Die implizite Funktionsdarstellung wird hauptsächlich bei der Interpolation mit Suchschrittverfahren für ebene Kurven verwendet. Sie bietet jedoch genau so wie die explizite Kurvenbeschreibung keine Gewähr für konstante Bahngeschwindigkeit. Hierfür eignet sich bestens die Parameterdarstellung. Sie bildet die Basis für das Interpolationsverfahren der direkten Funktionsberechnung /39/ und gewinnt immer mehr an Bedeutung für die softwaremäßige Interpolation in der Steuerung.

4.2 Kurvendarstellung mit Splines

Bild 4.2 zeigt die Möglichkeit zur Darstellung einer Kurve mit Splines. Es muß zwischen approximierender und interpolierender Kurvendarstellung unterschieden werden. Bei approximierender Kurvendarstellung wird die Kurve durch Approximation von Polygonzügen mit Basisfunktionen dargestellt. Der Polygonzug besteht aus den sogenannten "Kontrollpunkten". Zu Basisfunktionen

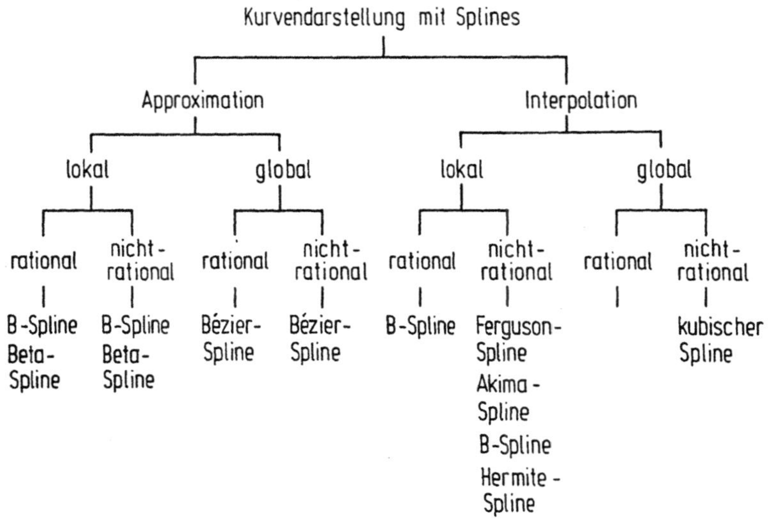

Bild 4.2: Kurvendarstellung mit Splines

gehören beispielsweise die Bernstein-Polynome /53/ und die B-Splines /58/. Besonders im Bereich der rechnerunterstützten Geometriemodellierung und Computer-Grafik haben sich die auf Approximation beruhenden Verfahren für den Entwurf von Freiformkurven oder -flächen durchgesetzt. Der Grund dafür liegt in den einfachen und komfortablen Möglichkeiten zur Beeinflussung der Kurven- oder Flächenform durch Manipulation des Polygonzuges /49,53,56/. Die Anwendung des Approximationsverfahrens zur Parametrisierung von analytisch beschreibbaren Bahnarten wird im folgenden Abschnitt aufgezeigt.

Ein interpolierender Spline ist eine Funktion, die aus einer Kette von Polynomen besteht und bestimmte Randbedingungen bezüglich der Stetigkeit und Differenzierbarkeit erfüllt /55/. Zu den Randbedingungen gehören beispielsweise die erste oder die zweite Ableitung am Rande. Aus den vorgegebenen Stützpunkten und Randinformationen kann unter Berücksichtigung der Spline-Bedingungen ein Gleichungssystem mit Kopplungsmatrix aufgestellt werden, deren Lösung zur Bestimmung der unbekannten Koeffizienten der im Teilbereich gültigen Polynome führt. Die Randinformationen sind bei reiner Stützpunktvorgabe nicht verfügbar und werden entweder aus den Stützpunkten abgeleitet oder einfach zu Null gesetzt (natürlicher Spline). Die verwendeten Randinformationen beeinflussen den Kurvenverlauf im Innenteilbereich nicht so stark, im Randbereich aber sehr entscheidend. Wichtige Anwendungen dieser Art von Kurvendarstellung sind experimentelle Optimierungsverfahren im Schiffsbau und Flugzeugbau.

Ein Spline hat globale/lokale Eigenschaft, wenn eine Änderung der Stützpunkte (Kontrollpunkte) Einfluß auf den Kurvenverlauf im gesamten/beschränkten Bereich besitzt. Wenn die Kontrollpunkte im homogenen Koordinatensystem definiert sind, entsteht eine Kurvendarstellung in rationaler Polynomform, die aus der Transformation der Kurvendarstellung vom homogenen Koordinatensystem zum kartesischen Koordinatensystem zustandekommt. Die rationale Polynomdarstellung ist von besonderer Bedeutung für eine einheitliche rechnerinterne Kurven- und Flächendarstellung, da sich analytisch beschreibbare Kurven oder Flächen erst dadurch exakt darstellen lassen. Auf die mathematische Theorie der Kurven- und Flächendarstellung mit Splines wird hier nicht weiter eingegangen. Einzelheiten findet man in /20,22,60/.

4.3 Einheitliche Bahndarstellung in Polynomform für die Sollwerterzeugung

4.3.1 Einfache Polynome

Gerade:

Notwendige Bahninformationen sind der Anfangs- und Endpunkt. Ein einfaches Polynom ersten Grades wird nach der Parametrisierung erzeugt:

$$\underline{C}(t) = \underline{P}_a + (\underline{P}_e - \underline{P}_a)\, t, \qquad 0 \leq t \leq 1.0 \qquad (4.1)$$

wobei

P_a, P_e: Anfangs- und Endpunkt

t: normierter Bahnparameter

Parabel:

Notwendige Bahninformationen sind der Anfangs-, der Scheitel- und der Endpunkt. Die Koeffizienten eines Polynoms zweiten Grades werden nach der Parametrisierung ermittelt:

$$\underline{C}(t) = \underline{a}_0 + \underline{a}_1\, t + \underline{a}_2\, t^2 \qquad 0 \leq t \leq 1.0 \qquad (4.2)$$

wobei

$\underline{a}_0, \underline{a}_1, \underline{a}_2$: Koeffizienten

Kubischer Spline:

Notwendige Bahninformationen sind n Bahnstützpunkte und zwei Randbedingungen. Die Koeffizienten eines Polynoms dritten Grades für den Abschnitt zwischen den Stützpunkten P_i und P_{i+1} werden berechnet /55/:

$$\underline{C}_i(t) = \underline{a}_{i,0} + \underline{a}_{i,1}\, t + \underline{a}_{i,2}\, t^2 + \underline{a}_{i,3}\, t^3, \qquad (4.3)$$

$$0 \leq t \leq 1.0, \qquad 0 \leq i \leq n-1$$

wobei

$\underline{a}_{i,0}, \underline{a}_{i,1}, \underline{a}_{i,2}, \underline{a}_{i,3}$: Koeffizienten

4.3.2 Rationale Polynome

Die bisher betrachteten Bahnarten können nach der Parametrisierung in einfachen Polynomen dargestellt werden. Spezielle Fälle bilden Kreis, Ellipse und andere Kurven zweiter Ordnung, die sich nur mit Hilfe von rationalen Polynomen exakt darstellen lassen. Bild 4.3 zeigt verschiedene Möglichkeiten zur Darstellung eines Teil- oder Vollkreises mit rationalen Polynomen /57/. Die Fälle c und d bieten eine systematische Vorgehensweise durch Verwendung der approximierenden Kurvendarstellung mit B-Splines. Die Definition eines B-Splines nach /60/ lautet:

Ein B-Spline der Ordnung k ist ein segmentweise definiertes Polynom vom Grad (k-1), das an den Knoten (Segmentübergängen) (k-2)-mal stetig differenzierbar ist.

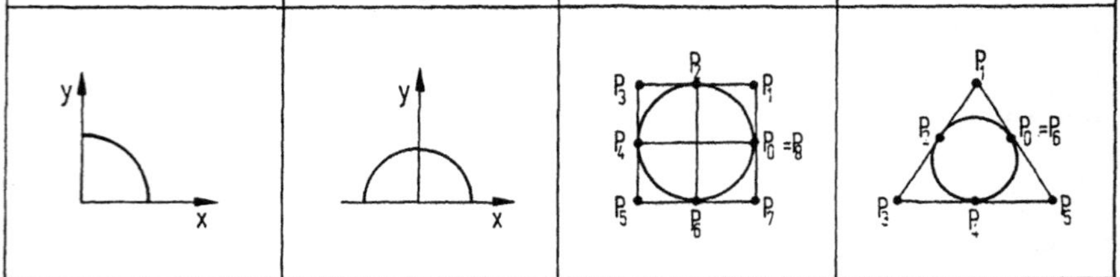

a	b	c	d
$x(t)=\frac{1-t^2}{1+t^2}$ $y(t)=\frac{2t}{1+t^2}$ $0\leq t\leq 1$	$x(t)=\frac{-2t+1}{2t^2-2t+1}$ $y(t)=\frac{2t^2+2t}{2t^2-2t+1}$ $0\leq t\leq 1$	$\underline{C}(t)=\frac{\sum_{i=0}^{8} N_{i,3}(t)w_i\underline{P}_i}{\sum_{i=0}^{8} N_{i,3}(t)w_i}$ mit Knotenvektor $(0,0,0,\frac{1}{4},\frac{1}{4},\frac{1}{2},\frac{1}{2},\frac{3}{4},\frac{3}{4},1,1,1)$ Gewichtsvektor $(1,\frac{\sqrt{2}}{2},1,\frac{\sqrt{2}}{2},1,\frac{\sqrt{2}}{2},1,\frac{\sqrt{2}}{2},1)$ $N_{i,3}(t)$ = B-Spline Basisfunktion w_i = Gewichtsfaktor	$\underline{C}(t)=\frac{\sum_{i=0}^{8} N_{i,3}(t)w_i\underline{P}_i}{\sum_{i=0}^{8} N_{i,3}(t)w_i}$ mit Knotenvektor $(0,0,0,\frac{1}{3},\frac{1}{3},\frac{2}{3},\frac{2}{3},1,1,1)$ Gewichtsvektor $(1,\frac{1}{2},1,\frac{1}{2},1,\frac{1}{2},1,\frac{1}{2},1)$ $N_{i,3}(t)$ = B-Spline Basisfunktion w_i = Gewichtsfaktor

Bild 4.3: Möglichkeiten zur Polynomdarstellung eines Kreises

Nach Vorgabe eines Knotenvektors $(t_0, t_1, \ldots, t_i, \ldots, t_m)$

mit $t_0 \leq t_1 \leq \ldots t_i \leq t_{i+1} \ldots \leq t_m$

werden die normierten B-Spline-Funktionen $N_{i,k}(t)$ der Ordnung k (vom Grad k-1) aus folgender Beziehung berechnet:

Für k = 1

$$N_{i,1}(t) = \begin{cases} 1 & \text{für} \quad t_i \leq t < t_{i+1} \\ 0 & \text{für} \quad \text{sonst} \end{cases} \tag{4.4a}$$

sowie für k > 1

$$N_{i,k}(t) = \frac{t - t_i}{t_{i+k-1} - t_i} N_{i,k-1}(t) + \frac{t_{i+k} - t}{t_{i+k} - t_{i+1}} N_{i+1,k-1}(t) \tag{4.4b}$$

Bild 4.4 zeigt explizit die Polynome in jedem Quadrant für den Fall c in Bild 4.3. Die Kontrollpunkte für die Ellipse oder die Helix lassen sich durch Korrektur der Kontrollpunkte für den Kreis ableiten (Bild 4.5, 4.6). Daraus lassen sich dann die Polynome für die Ellipse und die Helix ermitteln. Der Anfangsparameter für den Kreis, die Ellipse und die Helix ist immer 0. Der Endparameter und die Bahnlänge können mit Hilfe der expliziten Polynomdarstellung bestimmt werden.

Die Kontrollpunkte eines Einheitskreises auf der XY-Hauptebene sind:

$\underline{P}_0 = (1,0,0)$, $\underline{P}_1 = (1,1,0)$, $\underline{P}_2 = (0,1,0)$,

$\underline{P}_3 = (-1,1,0)$, $\underline{P}_4 = (-1,0,0)$, $\underline{P}_5 = (-1,-1,0)$,

$\underline{P}_6 = (0,-1,0)$, $\underline{P}_7 = (1,-1,0)$, $\underline{P}_8 = (1,0,0)$.

Damit vereinfachen sich die Polynomdarstellungen der x- und y-Koordinate im ersten Quadrant zu

$$x = \frac{16(1-\sqrt{2})t^2+(-8+4\sqrt{2})t+1}{16(2-\sqrt{2})t^2+(4\sqrt{2}-8)t+1} \qquad (4.8a)$$

$$y = \frac{16(1-\sqrt{2})t^2+(4\sqrt{2})t}{16(2-\sqrt{2})t^2+(4\sqrt{2}-8)t+1} \qquad (4.8b)$$

<u>1. Quadrant</u>: $0.0 \leq t \leq 0.25$

$$\underline{C}(t) = \frac{(16\underline{P}_0-16\sqrt{2}\underline{P}_1+16\underline{P}_2)t^2+(-8\underline{P}_0+4\sqrt{2}\underline{P}_1)t+\underline{P}_0}{16(2-\sqrt{2})t^2+(-8+4\sqrt{2})t+1}$$

<u>2. Quadrant</u>: $0.25 \leq t \leq 0.5$

$$\underline{C}(t) = \frac{(16\underline{P}_2-16\sqrt{2}\underline{P}_3+16\underline{P}_4)t^2+(-16\underline{P}_2+12\sqrt{2}\underline{P}_3-8\underline{P}_4)t+(4\underline{P}_2-2\sqrt{2}\underline{P}_3+\underline{P}_4)}{16(2-\sqrt{2})t^2+(-24+12\sqrt{2})t+(5-2\sqrt{2})}$$

<u>3. Quadrant</u>: $0.5 \leq t \leq 0.75$

$$\underline{C}(t) = \frac{(16\underline{P}_4-16\sqrt{2}\underline{P}_5+16\underline{P}_6)t^2+(-24\underline{P}_2+20\sqrt{2}\underline{P}_5-16\underline{P}_6)t+(9\underline{P}_4-6\sqrt{2}\underline{P}_5+4\underline{P}_6)}{16(2-\sqrt{2})t^2+(-40+20\sqrt{2})t+(13-6\sqrt{2})}$$

<u>4. Quadrant</u>: $0.75 \leq t \leq 1.0$

$$\underline{C}(t) = \frac{(16\underline{P}_6-16\sqrt{2}\underline{P}_7+16\underline{P}_8)t^2+(-32\underline{P}_6+28\sqrt{2}\underline{P}_7-24\underline{P}_8)t+(16\underline{P}_6-12\sqrt{2}\underline{P}_7+9\underline{P}_8)}{16(2-\sqrt{2})t^2+(-56+28\sqrt{2})t+(25-12\sqrt{2})}$$

<u>Bild 4.4</u>: Polynomfunktionen zur Darstellung eines Kreises

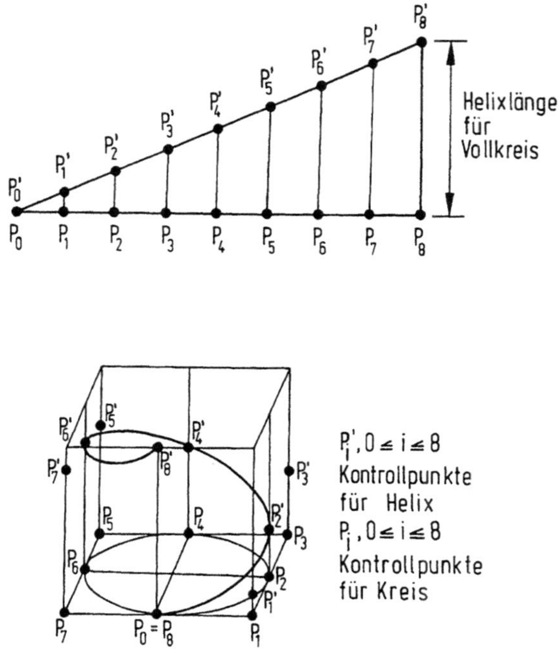

Bild 4.5: Kontrollpunkte für die Helix

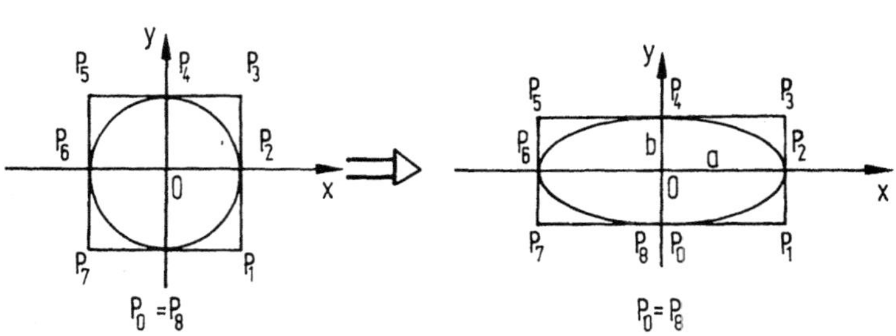

Bild 4.6: Kontrollpunkte für die Ellipse

Die Gleichung (4.8) stellt den Zusammenhang zwischen dem Bahnparameter und den Koordinaten dar. Der Endbahnparameter läßt sich dann aus bekannter Endposition $(x_e, y_e, 0)$ wie folgt berechnen:

$$t_e = \frac{-b-\sqrt{b^2-4ac}}{2a} \tag{4.9}$$

Falls x_e zur Bestimmung des Endparameters verwendet wird, ergeben sich die Koeffizienten a, b, c aus folgenden Berechnungen:

$$a = 16(1-\sqrt{2})-16(2-\sqrt{2})x_e \tag{4.10a}$$
$$b = (4\sqrt{2}-8)(1-x_e) \tag{4.10b}$$
$$c = 1-x_e \tag{4.10c}$$

Falls y_e verwendet wird:

$$a = 16(1-\sqrt{2})-16(2-\sqrt{2})y_e \tag{4.11a}$$
$$b = 4\sqrt{2}-(4\sqrt{2}-8)y_e \tag{4.11b}$$
$$c = -y_e \tag{4.11c}$$

Für eine Kreisbahn mit einer Endposition in einem anderen Quadranten wird der Endbahnparameter auf ähnliche Weise bestimmt. Der Endbahnparameter einer Ellipse kann mit Hilfe der Gleichungen in Bild 4.4 und den korrigierten Kontrollpunkten nach Bild 4.6 bestimmt werden.

4.4 Verfahren zur Bestimmung des Parameterschrittes

Eine wesentliche Aufgabe der Echtzeitinterpolation in der Steuerung liegt darin, Bahnstützpunkte entsprechend der aktuellen Bahngeschwindigkeit zu berechnen. Bekannte Verfahren zur Spline-Interpolation erzeugen keine konstante Bahngeschwindigkeit /40,59/. Für einen erfolgreichen Einsatz der Polynominterpolation ist es besonders wichtig, ein geeignetes Verfahren zu finden, das den Parameterschritt mit ausreichender Genauigkeit aus vorgegebener Bahnlänge ermittelt. Da die Bahn in Parameterform dargestellt ist, kann im allgemeinen ein universelles Iterationsverfahren wie das Newtonsche Verfahren zur Bestimmung des Parameterschrittes eingesetzt werden. Im folgenden wird zuerst die Echtzeiteigenschaft des Newtonschen Verfahrens für die Bestimmung des Parameterschrittes untersucht.

4.4.1 Iteratives Verfahren

Die rationale Polynomdarstellung des Halbkreises aus dem Fall b in Bild 4.3 wird zum Zweck der Untersuchung gewählt. Vorgegeben ist der Anfangsparameter u_a, eine Sollschrittweite Δs und eine Toleranz zur Einhaltung der Bahngeschwindigkeit (Bild 4.7). Gesucht ist der Zielparameter u_z. Die Iteration wird abgebrochen, falls die normierte Geschwindigkeitsabweichung innerhalb der vorgegebenen Toleranz liegt. Die Anzahl der Iterationsschritte wird registriert. Die Untersuchung führt durch den gesamten Parameterbereich des Halbkreises.

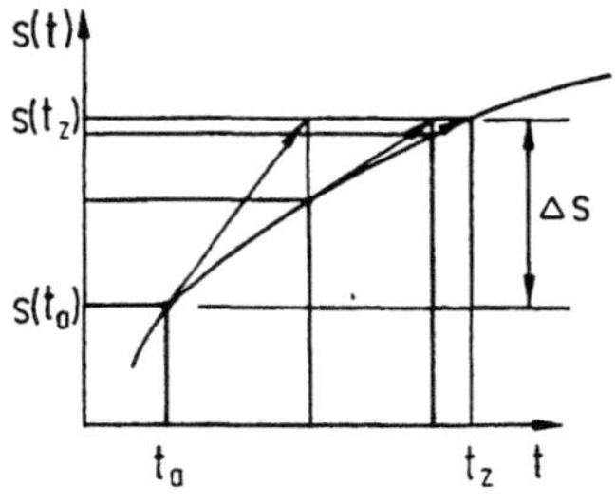

t = Parameter
s = Bahnlänge
t_m = Zwischenparameter
t_a = Anfangsparameter
t_z = Zielparameter
Δs = Sollänge
T = Toleranz

$s(t) - s(t_a) - \Delta s \stackrel{!}{=} 0$

Iterationsvorschrift:

$$t_{m+1} = t_m - \frac{s(t_m) - (s(t_a) + \Delta s)}{s'(t_m)}$$

Abbruchkriterium:

$$1 - \frac{s(t_m) - s(t_a)}{\Delta s} < T$$

Bild 4.7: Newtonsches Verfahren zur Bestimmung des Parameterschrittes

Es wird festgestellt, daß die rechnerinterne Darstellung der Zahlen einen erheblichen Einfluß auf die Anzahl der Iterationsschritte besitzt. Bei einer Zahlendarstellung mit einfacher Genauigkeit (32-bit-Real-Darstellung) liegt stellenweise die berechnete Schrittweite selbst nach mehr als 5000 Iterationsschritten noch nicht innerhalb der angegebenen Toleranz. Erst bei einer Zahlendarstellung mit doppelter Genauigkeit (64-bit-Real-Darstellung) kann der Berechnungsalgorithmus stabilisiert werden.

Bild 4.8 zeigt, daß höchstens 3 Iterationsschritte erforderlich sind, um einen neuen Parameterschritt mit ausreichender Genauigkeit zu ermitteln. Dabei ist zu bemerken, daß bei der Untersuchung die Ist-Schrittweite exakt aus dem Ist-Kreisparameter berechnet wird. Für beliebige Raumkurven in Polynomdarstellung ist die Berechnung der Ist-Schrittweite nur mit Hilfe von numerischen Integrationsverfahren wie z.B. dem Simpson-Verfahren möglich. Das Newtonsche Iterationsverfahren ist hinsichtlich des Rechenaufwandes und besonders der Empfindlichkeit gegenüber der Zahlendarstellung für einen Echtzeiteinsatz in der Steuerung nicht geeignet. Im folgenden wird eine Berechnungsmethode vorgestellt, die es erlaubt, den Bahnparameter durch einen einzigen Algorithmusdurchlauf zu ermitteln.

4.4.2 Einschrittverfahren

4.4.2.1 Inverse Bogenlängenfunktion

Die Bogenlänge einer Raumkurve ergibt sich aus folgender Integralberechnung /51/:

$$s(t) = \int_{t_0}^{t_1} \sqrt{x'^2(t) + y'^2(t) + z'^2(t)}\; dt \qquad (4.12)$$

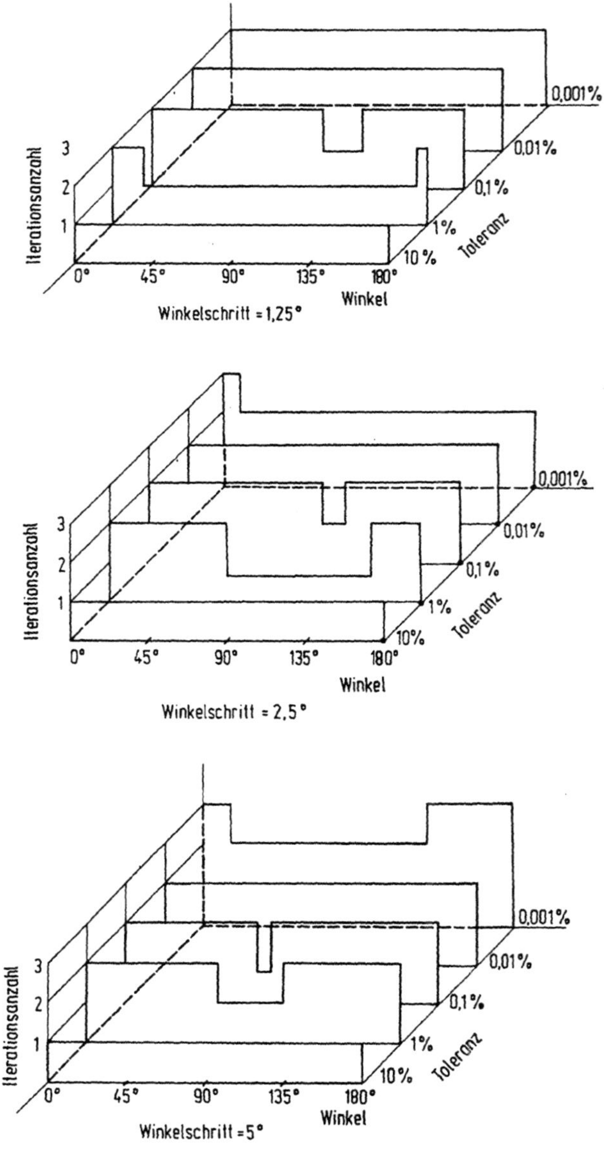

Bild 4.8: Iterationsschritte zur Bestimmung des Paramete schrittes nach dem Newtonschen Verfahren

wobei

s : die Bogenlänge,

x'(t), y'(t), z'(t): die Ableitungen.

Das Konzept des Einschrittverfahrens liegt in der Ermittlung der inversen Bogenlängenfunktion t(s), im folgenden "Inversfunktion" genannt. Damit kann aus der bekannten Bahnlänge s der Bahnparameter t direkt bestimmt werden. Die Inversfunktion kann im allgemeinen nicht in geschlossener Form dargestellt werden. Daher wird versucht, die Inversfunktion durch ein Polynom zu approximieren. Um die Abweichung aus der Approximation gering zu halten, wird die Inversfunktion nicht über den gesamten Parameterbereich durch eine einzige Polynomfunktion angenähert, sondern der gesamte Parameterbereich wird in mehrere sogenannte Fensterbereiche aufgeteilt. Für jedes Fenster wird eine Polynomfunktion aufgestellt. Die Koeffizienten des Polynomes werden durch die Randparameter des jeweiligen Fensters bestimmt. An diesen Randstellen des Fensters sollen die Polynome mit den Funktionswerten der Inversfunktionen übereinstimmen. Die gesamte Inversfunktion wird somit stückweise durch eine Aneinanderreihung von mehreren Polynomen dargestellt. Die Polynome zweier benachbarter Fenster müssen einen glatten, im mathematischen Sinne stetigen Übergang an der Fenstergrenze aufweisen.

Zur Funktionsapproximation mit Polynomen gibt es viele Möglichkeiten /58/. Entscheidend dabei ist die Auswahl des Polynomgrades. Mit zunehmendem Polynomgrad wird die Approximation genauer, erhöht sich aber die Neigung zur Welligkeit. Aus diesem Grund wird ein Polynom dritten Grades gewählt. Eine sehr günstige Approximationsfunktion ist die sogenannte Fergusonsche Spline-Funktion. Die Koeffizienten des Polynoms ergeben sich aus zwei Randstützpunkten und deren Tangenten (Bild 4.9). Nach der Approximationstheorie konvergiert der Approximationsfehler mit dem Exponenten -4, falls das Intervall gleichmäßig aufgeteilt und die ursprüngliche Funktion f(t) viermal stetig differenzierbar ist /58/:

$$\max\{\ |f(t)-g(t)|\ \} \leq \sigma\ (1/n)^4\ \max\{\ |f^{(4)}(t)|\ \} \qquad (4.13)$$

wobei

- $g(t)$: Fergusonsche Spline-Funktion
- σ: Konstante
- n: Anzahl der Intervalle zwischen Anfangs- und Endparameter
- $f^{(4)}(t)$: viermalige Ableitung der Funktion f(t) nach t

Der Approximationsfehler konvergiert genauso schnell wie bei Approximation mit kubischen Splines. Die stückweise Approximation mit nur 2 Stützpunkten vereinfacht aber die Berechnung und eignet sich für Echtzeitanwendungen.

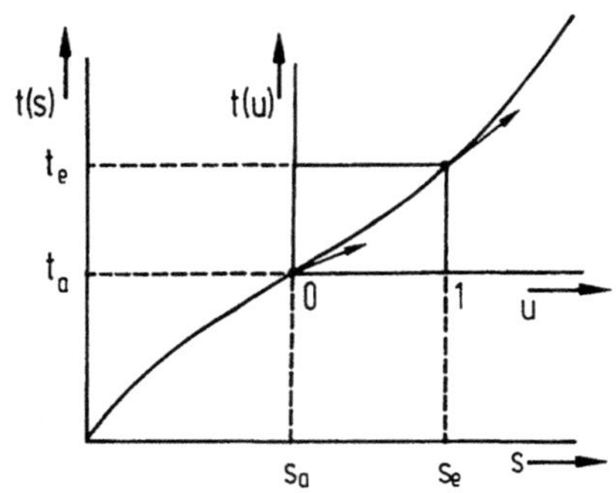

s = Bahnlänge
t = Bahnparameter
Index a = Anfang
e = Ende

$$t(u) = a_0 + a_1 u + a_2 u^2 + a_3 u^3\ ,\quad 0 \leq u \leq 1$$

$$a_0 = t_a$$

$$a_1 = (s_e - s_a)\,t'(s_a)$$

$$a_2 = 3(t_e - t_a) - 2(s_e - s_a)\,t'(s_a) - (s_e - s_a)\,t'(s_e)$$

$$a_3 = 2(t_a - t_e) + (s_e - s_a)\,t'(s_a) + (s_e - s_a)\,t'(s_e)$$

<u>Bild 4.9</u>: Bildung eines Fergusonschen Splines

4.4.2.2 Untersuchungen zur Genauigkeit des Einschrittverfahrens

In Bild 4.10 werden die Auswirkungen der approximierenden Inversfunktion auf die Geschwindigkeits- und die Bahnlängenabweichung bei der Polynominterpolation dargestellt. Die Ursachen für eine ungenaue Bildung der Inversfunktion sind:

- Approximationsfehler des Fergusonschen Splines,
- numerisches Integrationsverfahren bedingt Bahnlängenfehler.

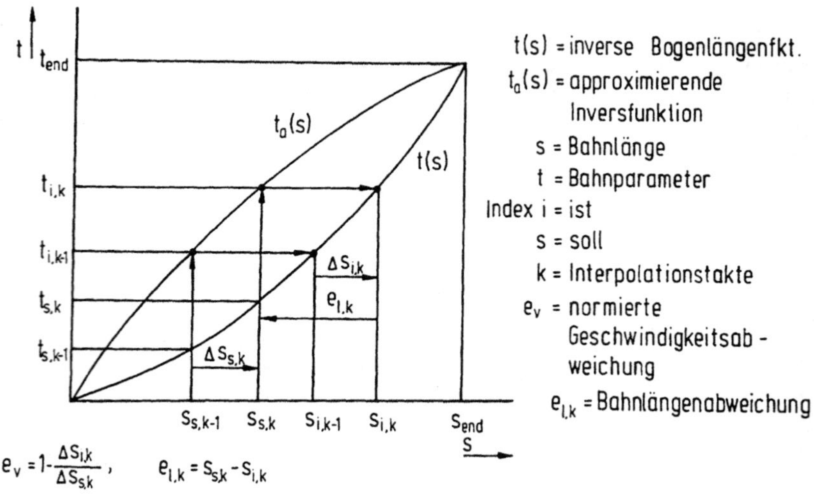

Bild 4.10: Fehlertypen beim Einschrittverfahren

Aus der Soll-Bahnlänge $s_{s,k}$ wird mittels der approximierenden Inversfunktion $t_a(s)$ der Bahnparameter $t_{i,k}$ ermittelt. Daraus ergibt sich die Ist-Bahnlänge $s_{i,k}$. Die Aufsummierung der Bahnlängenabweichung $e_{l,k}$ ist kritisch für die Bestimmung des Bremszeitpunktes und der Restwegausgabe und verursacht einen

Vorschubsprung am Satzende. Die Differenz zwischen der Ist-Fahrlänge $s_{i,k}$ und der Soll-Fahrlänge $s_{s,k}$ führt dagegen zur Geschwindigkeitsabweichung $e_{v,k}$.

Eine allgemein analytisch abgeleitete Beschreibung des Fehlerverhaltens des Einschrittverfahrens ist wegen der vielfältigen Bahnarten nicht möglich. Um dennoch konkrete Aussagen über die Genauigkeit des Einschrittverfahrens machen zu können und damit die Dimensionierung des Interpolators zu ermöglichen, wurden am Beispiel der in Bild 4.4 angegebenen Polynomdarstellung eines Kreises Untersuchungen durchgeführt. Wegen der exakten Darstellung der Kreisbahn wird trotz der Bahngeschwindigkeitsabweichung keine Radiusabweichung bei der Berechnung der Bahnstützpunkte auftreten.

Bild 4.11 zeigt die maximale Bahngeschwindigkeitsabweichung als Funktion der Fenstergröße, die auf die Fahrlänge pro Interpolationstakt normiert ist. Mit zunehmender Fensterlänge erhöht sich die Abweichung. Bei extrem hoher Bahnwinkelgeschwindigkeit mit $s_{intp} = 0.15$, was einem Fahrwinkel von 8.5 Grad pro Interpolationstakt entspricht, erzielt das Einschrittverfahren eine maximale Geschwindigkeitsabweichung von nur 1%. Bild 4.12 zeigt die maximale Bahnlängenabweichung, die auf die gesamte Fahrlänge normiert ist. Die stückweise Bahnlängenberechnung mit dem Simpson-Verfahren verursacht keine Fehlerfortpflanzung. Die daraus aufsummierte Bahnlängenabweichung ist praktisch vernachlässigbar.

4.4.2.3 Dimensionierung der Fenstergröße

Die Ergebnisse aus Bild 4.12 und 4.13 bieten Anhaltspunkte für die Dimensionierung der Fenstergröße. Ausgangspunkt ist folgende Beziehung zwischen der Fensterlänge und der Fahrlänge pro Interpolationstakt:

$$s_f = k_f \, v_b \, T_{intp}$$

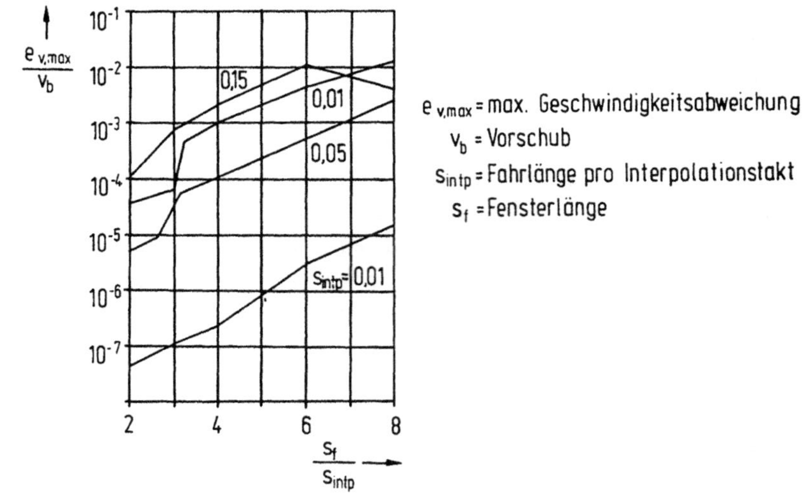

Bild 4.12: Maximale Geschwindigkeitsabweichung beim Einschrittverfahren

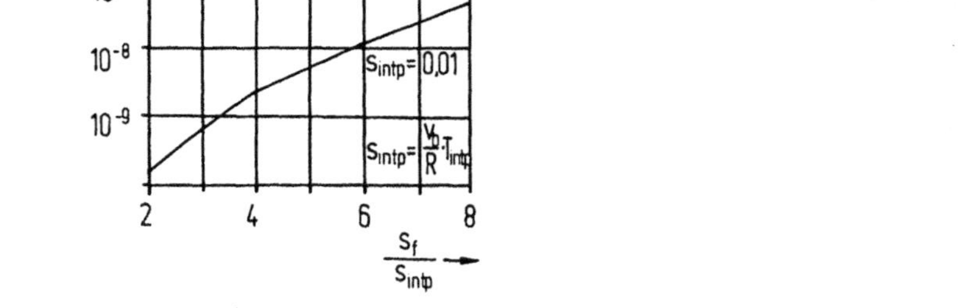

Bild 4.13: Maximale Bahnlängenabweichung beim Einschrittverfahren

Die Konstante k_f muß auf jeden Fall größer als 2 sein, um eine rechtzeitige Aktualisierung der Inversfunktion zu gewährleisten. Bei einer Fensterlänge mit k_f größer als 3 kann die Aktualisierung der Inversfunktion auf mehrere Interpolationstakte verteilt werden. Für die Echtzeit-Interpolation ohne Unterstützung durch einen mathematischen Koprozessor ist diese Lösung günstig, da bei der Aktualisierung die Wurzelfunktion mehrere Male aufgerufen wird. Bei hohen Anforderungen an die Einhaltung der Bahngeschwindigkeit oder bei guter Hardwareunterstützung mit einem Koprozessor soll die Konstante k_f gleich 2 gewählt werden. Die Aktualisierung erfolgt dann in jedem Interpolationstakt. Bild 4.13 zeigt die Fensterfunktion mit k_f gleich 2 und das Kriterium für die Fensteraktualisierung.

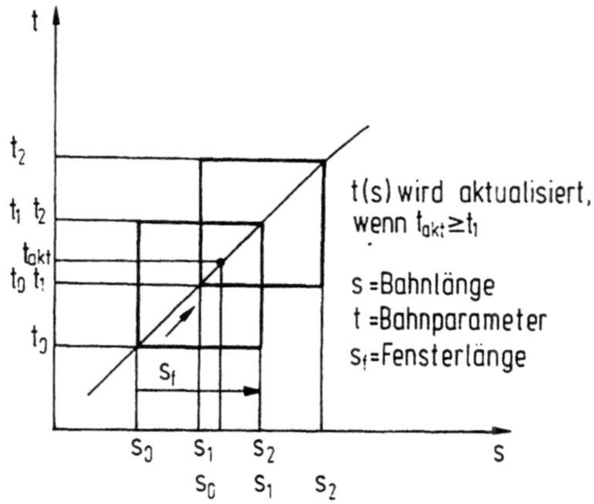

Bild 4.14: Dynamische Fensterfunktion mit $k_f = 2$

4.5 Polynominterpolation

Zu den Grundfunktionen der Polynominterpolation gehören die Interpolationsvorbereitung, die Sollwertbeeinflussung (Slope) und die Interpolationsausführung mit Fensteraktualisierung. Der Datenfluß der Polynominterpolation wird in Bild 4.14 dargestellt.

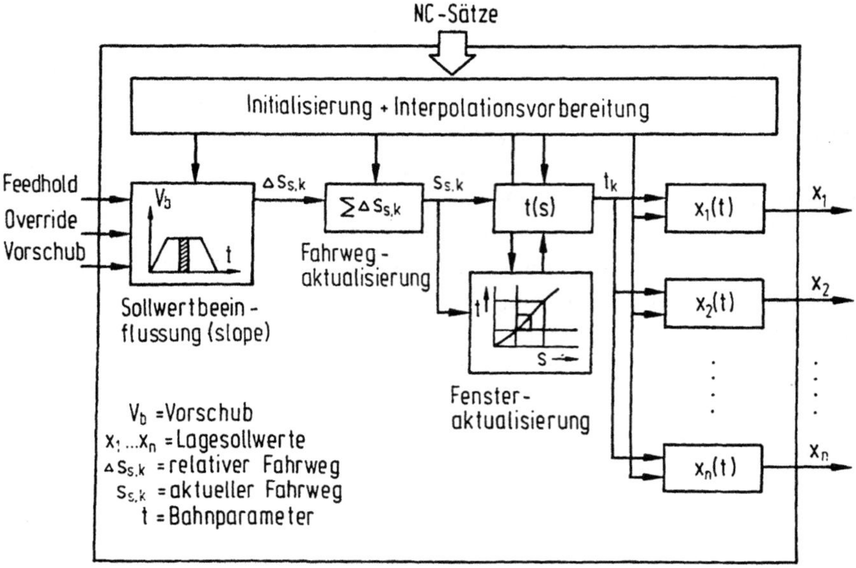

Bild 4.14: Datenfluß der allgemeinen Polynominterpolation

4.5.1 Interpolationsvorbereitung

Die Interpolationsvorbereitung wird pro NC-Satz einmal aufgerufen und führt folgende Aufgaben durch: die Plausibilitätsprüfung der Eingabedaten, die Parametrisierung (Abschnitt 4.3.2), die Bahnlängenberechnung und die Aufbereitung des ersten Bogenlängenfensters.

Bild 4.15 zeigt die Zeitmessung eines Funktionsblocks GEO mit direkter Funktionsberechnung für die Kreisinterpolation, wobei ein Mikroprozessor vom Typ NS32016 mit 8 MHz Systemtakt verwendet ist. Die Lageregelung und die Interpolation werden im gleichen Takt nacheinander aufgerufen. Der Zustand A für die Restwegausgabe und die Interpolationsvorbereitung benötigt deutlich mehr Rechenzeit und ist bestimmend für die Einstellung des Lageregeltaktes.

Funktion \ Zustand	A [µs]	B [µs]
Satzeinlesen + Plausibilitätsprüfen	1030	
Interpolationsvorbereitung	2430	
Interpolationsausführung		2100
Restwegausgabe	150	
Lageregelung	1460	1460
sonstige	430	430
GESAMT	5500	3990

Zustand A : Restwegausgabe mit Interpolationsvorbereitung
Zustand B : Interpolationsausführung

Bild 4.15: Zeitmessung eines Funktionsblockes "Geometriedatenverarbeitung"

Wegen der vielfältigen Bahnarten benötigt die Interpolationsvorbereitung bei Polynominterpolation noch mehr Rechenzeit. Es ist deshalb sinnvoll, die Interpolationsvorbereitung von der Echtzeit-Interpolation zu entkoppeln. Eine Datenschnittstelle in Form eines FIFOs (first in first out) wird zu diesem Zweck eingeführt. Die satzbezogenen Interpolationssteuerdaten wie die Bahnlänge und die Koeffizienten der Inversfunktionen werden in der Interpolationsvorbereitung aufbereitet und weitergegeben. Eine bessere Verteilung von Interpolationsfunktionen und eine optimale Prozessorausnutzung werden dadurch möglich. Wegen der zeitlichen Entkopplung ist ein Sychronisierungsprozeß zwischen der Interpolationsvorbereitung und der Interpolation beim Eintreten von Echtzeitereignissen, wie zum Beispiel die Meldungen aus der beauftragbaren Funktion Referenzpunktfahrt und Systemabbruch erforderlich.

4.5.2 Bahninterpolation

4.5.2.1 Sollwertbeeinflussung

Die Funktion Sollwertbeeinflussung dient ursprünglich zur Reduzierung der Bahnverzerrung durch gezielte Beschleunigungsbegrenzung /61/. Zusätzlich kommen die Bearbeitung von Echtzeitfunktionen "Feedhold" und "Override" als Erweiterungen hinzu /62/. Die Einzelfunktionen der Sollwertbeeinflussung umfassen:

- Bearbeitung des Overrides,
- Erkennen des Bremszeitpunktes,
- Erkennen des NC-Satzendes,
- Überschleifen am Satzende.

Besonders zu erwähnen ist die Funktion "Überschleifen am Satzende". Für Systeme mit fest satzorientierter Interpolationsstruktur wie in /62/ ist am Satzende ein Restwegausgleich in zwei Takten vorgesehen, um eine gleichmäßige Aufteilung der Interpolationsaufgabe durch unterbrechbare Programme und einen günstigen Interpolationstakt (siehe auch Bild 4.12) zu ermöglichen. Nachteil dabei ist die feste Satzfolgezeit, die immer zwei Interpolationstakte beträgt. Die Erzeugung der programmierten Bahngeschwindigkeit ist dann unmöglich, falls die NC-Sätze nur kurze Fahrwege besitzen. Ein weiterer Nachteil ist der durch den Restwegausgleich entstehende Vorschubeinbruch am Satzende, der für heutige hochdynamische Antriebe nicht akzeptabel ist. Besser ist eine bezüglich der Satzverarbeitung flexible Interpolationsstruktur mit der Möglichkeit, satzübergreifend zu interpolieren (Bild 4.16).

Im überschleifenden Interpolationszustand werden die Teilfunktionen Restwegausgabe, Satzvorbereitung und Interpolationsausführung in einem Takt durchgeführt. Prinzipiell können beliebig viele Sätze zum Zweck des Überschleifens einbezogen werden. Mit steigender Anzahl der zu überschleifenden Sätze erhöht sich aber die gesamte Interpolationszeit. Es ist deshalb sinnvoll, das Überschleifen nur über eine oder zwei Satzgrenzen zu wählen. Wegen der quadrantenabhängigen Parametrisierung für Kreisbahnen ist für die allgemeine Polynominterpolation ein Überschleifen über zwei Satzgrenzen notwendig.

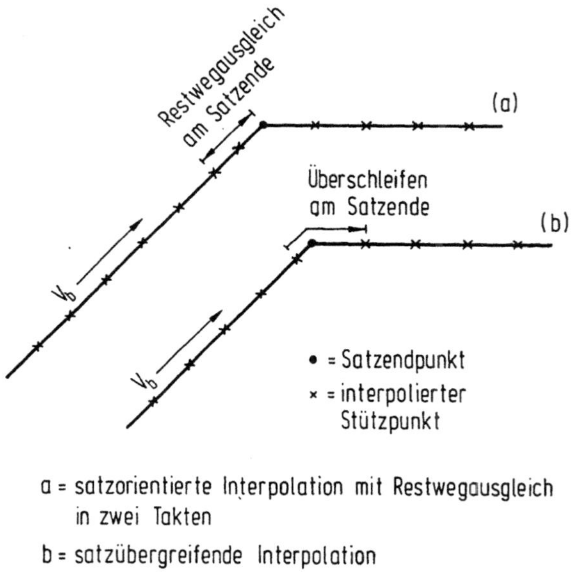

Bild 4.16: Überschleifende Interpolation am Beispiel zweier Geraden

4.5.2.2 Interpolationsausführung

Die Soll-Fahrlänge $s_{s,k}$ ergibt sich durch Aufsummieren der aktuellen relativen Fahrlänge $\Delta s_{s,k}$ des k-ten Interpolationstaktes:

$$\Delta s_{s,k} = v_b \cdot T_{intp} \tag{4.16}$$

$$s_{s,k} = s_{s,k-1} + \Delta s_{s,k} \tag{4.17}$$

Nach Einsetzen der normierten Fahrlänge

$$u = (s_{s,k} - s_a) / (s_e - s_a) \tag{4.18}$$

in die Inversfunktion t(u) (Bild 4.10) ergibt sich der aktuelle Bahnparameter t_k:

$$t_k = a_0 + u\ (a_1 + u\ (a_2 + u\ \ a_3)) \tag{4.19}$$

Der Bahnstützpunkt berechnet sich durch Einsetzen des Bahnparameters t_k in die Polynomdarstellung der Bahn:

$$x_k = x(t_k) \tag{4.20a}$$

$$y_k = y(t_k) \tag{4.20b}$$

$$z_k = z(t_k) \tag{4.20c}$$

4.5.3 Orientierungsinterpolation

Nach IRDATA wird die Werkzeugorientierung durch Vorgabe von drei Drehwinkeln definiert. Die aus der linearen Interpolation der Drehwinkel resultierenden Werkzeugachsrichtungsvektoren liegen im allgemeinen nicht in einer Ebene. Anders als IRDATA erfolgt die Orientierungsdefinition nach CLDATA /63/ durch Vorgabe des Achsrichtungsvektors. Die Interpolation des Achsrichtungsvektors findet immer in einer Ebene statt, die durch den Anfangsachsrichtungsvektor $\underline{Q}_a$ und den Endachsrichtungsvektor $\underline{Q}_e$ aufgespannt ist. Die folgenden Betrachtungen gehen davon aus, daß die Orientierung durch den Achsrichtungsvektor dargestellt ist.

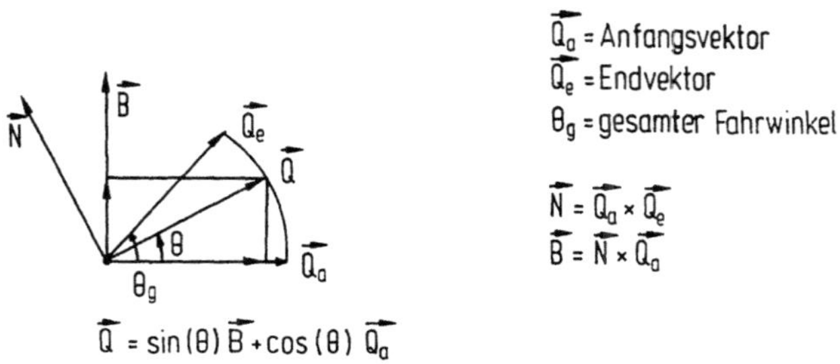

Bild 4.17: Orientierungsinterpolation

4.5.3.1 Lineare Orientierungsinterpolation

Bei der Vorbereitung der Orientierungsinterpolation wird zuerst ein Koordinatensystem $\underline{B}$-$\underline{Q}_a$-$\underline{N}$ aus dem Anfangsvektor $\underline{Q}_a$ und dem Endvektor $\underline{Q}_e$ gebildet (Bild 4.17). Eine Interpolationskonstante K_o wird aus dem gesamten Drehwinkel Θ_g und der gesamten Fahrlänge S_g berechnet:

$$K_o = S_g \,/\, \Theta_g \qquad (4.21)$$

Der aktuelle Drehwinkel Θ_k und der Werkzeugachsrichtungsvektor $\underline{Q}_k$ ergeben sich aus der aktuellen Fahrlänge $s_{s,k}$:

$$\Theta_k = s_{s,k} \,/\, K_o \qquad (4.22)$$

$$\underline{Q}_k = \sin(\Theta_k)\ \underline{B} + \cos(\Theta_k)\ \underline{Q}_a \qquad (4.23)$$

4.5.3.2 Orientierung konstant zur Bahn

In diesem Fall bleibt die Orientierung unverändert im bewegten begleitenden Dreibein-Koordinatensystem (Bild 4.18). In der Interpolationsvorbereitung werden die Dreibein-Koordinaten am

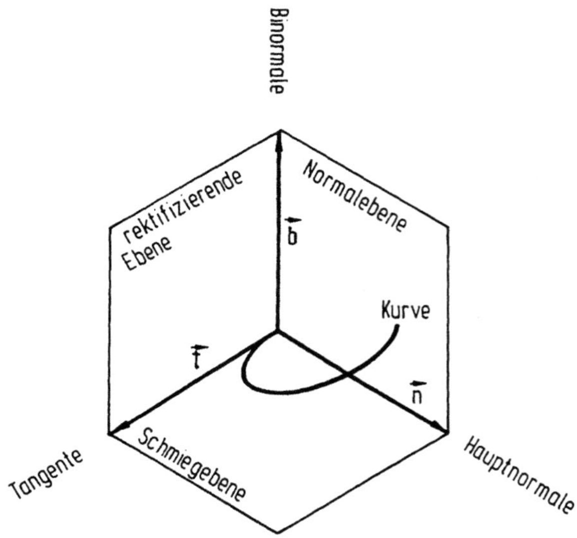

Bild 4.18: Dreibein-Koordinaten /51/

Satzanfang, ausgehend von der einheitlichen Polynomdarstellung der Bahn, wie folgt ermittelt. Die erste und die zweite Ableitung werden zuerst berechnet:

$$\underline{T}'_{t,0} = (\dot{x}(t_0),\ \dot{y}(t_0),\ \dot{z}(t_0)) \qquad (4.24a)$$

$$\underline{T}'_{n,0} = (\ddot{x}(t_0),\ \ddot{y}(t_0),\ \ddot{z}(t_0)) \qquad (4.24b)$$

Nach Normierung ergeben sich die Dreibein-Koordinaten $\underline{T}_t$ und $\underline{T}_n$. Die Koordinate $\underline{T}_b$ berechnet sich aus dem Vektorprodukt von $\underline{T}_t$ und $\underline{T}_n$.

$$\underline{T}_{t,0} = \frac{\underline{T}'_{t,0}}{|\underline{T}'_{t,0}|} \qquad (4.25a)$$

$$\underline{T}_{n,0} = \frac{\underline{T}'_{n,0}}{|\underline{T}'_{n,0}|} \qquad (4.25b)$$

$$\underline{T}_{b,0} = \underline{T}_{t,0} \times \underline{T}_{b,0} \qquad (4.25c)$$

Der konstante Orientierungsvektor im Dreibein-Koordinatensystem ergibt sich aus folgender Multiplikation:

$$\underline{Q}_o = \left[\underline{T}_{t,0} \quad \underline{T}_{n,0} \quad \underline{T}_{b,0} \right]^{-1} \underline{Q}_a \qquad (4.26)$$

Während der Echtzeit-Interpolation werden zuerst die aktuellen Dreibein-Koordinaten ermittelt. Der aktuelle Achsrichtungsvektor ergibt sich dann aus der Transformation des konstanten Orientierungsvektors im aktuellen Dreibein-Koordinatensystem in das Werkstückkoordinatensystem:

$$\underline{Q}_k = \left[\underline{T}_{t,k} \quad \underline{T}_{n,k} \quad \underline{T}_{b,k} \right] \underline{Q}_o \qquad (4.27)$$

Mit dem aufgezeigten Verfahren zur allgemeinen Polynominterpolation wird die Voraussetzung für eine völlige Spline-Lösung für die Sollwerterzeugung geschafft. Im nächsten Kapitel werden Verfahren und Strukturen zur flächenorientierten Steuerdatenaufbereitung für die fünfachsige Freiformflächenbearbeitung betrachtet.

5 Flächenorientierte Steuerdatenaufbereitung für das fünfachsige Fräsen

Die hohe Informationsdichte der im kapitel 3 vorgestellten Bahn- und Orientierungsdefinition macht es möglich, hochgenaue Spline-Funktionen in Maschinenkoordinaten oder in Werkstückkoordinaten on-line in der Steuerung zu generieren. Die 3D-Werkzeuggeometriekorrektur ist somit ein integrierter Teil der steuerungsinternen Spline-Generierung. Die Probleme der fünfachsigen Freiformflächenbearbeitung wie zum Beispiel die hohe NC-Datenmenge und die fehlenden Korrekturfunktionen werden durch Erhöhung der Leistungsfähigkeit der Steuerungen zur 3D-Geometriedatenverarbeitung gelöst. Im folgenden wird auf die Problematik der Spline-Generierung für die fünfachsige Freiformflächenbearbeitung eingehen.

5.1 Splines für die fünfachsige Freiformflächenbearbeitung

Bei der dreiachsigen Freiformflächenbearbeitung steht die Fräserachse ständig in einer Richtung. Beim fünfachsigen Stirnfräsen kann demgegenüber ein dynamischer Voreilwinkel verwendet werden, um gleichzeitig eine unterschnittfreie Bearbeitung und eine optimale Anpassung des Fräsers an die zu bearbeitende Fläche zu erzielen. Der Voreilwinkel wird unter Berücksichtigung der lokalen Krümmungsverhältnisse und des globalen Bahnverlaufes (s. Bild 3.5) punktweise ermittelt und beeinflußt unmittelbar die Fräserorientierung und die Fräserspitzenposition.

Für die steuerungsinterne Spline-Generierung kommt zuerst der häufig verwendete kubische Spline in Betracht. Bei Funktionen mit glattem Verlauf bietet der kubische Spline schon mit wenigen Stützpunkten eine sehr gute Approximationsgenauigkeit. Bei Funktionen mit unglattem oder unstetigem Verlauf ist der Einsatz von kubischen Splines nicht zu empfehlen. Er weist in diesem Fall ein Überschwingen in einzelnen Stützpunktbereichen auf. Die Ursache für diese ungünstige Eigenschaft ist die Forderung nach zweimal stetiger Differenzierbarkeit in den Stützpunkten.

Bei der fünfachsigen Freiformflächenbearbeitung ist die Bildung von kubischen Spline-Funktionen aus den Stützpunkten in Werkstückkoordinaten oder der Achsenfunktionen in Maschinenkoordinaten immer damit zu rechnen, daß im Extremfall ein Überschwingen auftreten kann, das zur Verletzung der Werkstückoberfläche führt. Die Ursache dafür ist die nichtstetige Änderung des Voreilwinkels. Aus diesen Überlegungen heraus stellt man fest, daß kubische Splines für die fünfachsige Freiformflächenbearbeitung nicht geeignet sind. Diese Aussage gilt für alle Splines, die globale Eigenschaft besitzen. Es sollen am besten Spline-Funktionen gewählt werden, die sich aus zwei aufeinander folgenden Stützpunkten bestimmen lassen und nur lokale Eigenschaften besitzen.

Der in Kapitel 4 erwähnte Fergusonsche Spline ist ein lokaler Spline. Aus zwei Stützpunkten und deren Randableitungen werden die Koeffizienten eines Polynoms dritten Grades berechnet. Der Vorteil des Fergusonschen Splines zur Funktionsapproximation wurde in Kapitel 4 erwähnt. Es kommt noch hinzu, daß ein unstetiger Übergang an Stützpunkten möglich ist. Unter Vorgabe bestimmter Randableitungen vereinfacht sich der Fergusonsche Spline zu einer linearen Funktion. Dies bedeutet für die Steuerung, daß eine lineare Interpolation zwischen den Stützpunkten durchgeführt wird. Aufgrund dieser Vorteile wird der Fergusonsche Spline zur steuerungsinternen stückweisen Spline-Generierung aus der Flächenkurvenvorgabe verwendet.

5.2 Strukturvarianten zur steuerungsinternen Spline-Generierung aus Flächenkurvenvorgaben

Zur steuerungsinternen Generierung von Spline-Funktionen aus Flächenkurvenvorgaben sind mehrere Strukturen hinsichtlich des verwendeten Koordinatensystems und der Stufenanzahl der Spline-Funktionen möglich. In Bild 5.1 sind die verschiedenen Strukturen dargestellt. Für alle Strukturen gilt als erster Schritt die Segmentierung der Flächenkurve mit einem Wegraster, die einer Grobinterpolation entspricht. Außerdem muß zwischen statischer und dynamischer Segmentierung unterschieden werden. Bei statischer Segmentierung bleibt die Größe des Wegrasters konstant und berechnet sich aus der programmierten Bahngeschwindigkeit und einer Zeitkonstante:

$$l_{seg} = V_b \cdot T_{seg} \tag{5.1}$$

Bei der Bestimmung der Zeitkonstanten T_{seg} muß die maximal erforderliche Rechenzeit für die Spline-Generierung berücksichtigt werden, um eine rechtzeitige Satzaufbereitung zu gewährleisten. Der Nachteil der statischen Segmentierung liegt darin, daß die Genauigkeit der stückweisen approximierenden Spline-Funktionen von der Krümmung in Bahntangentenrichtung abhängig ist. Mit zunehmender Krümmung verschlechtert sich die Approximationsgenauigkeit.

Bei der dynamischen Segmentierung wird die Segmentlänge aus der aktuellen Krümmung in Bahntangentenrichtung und einer maximal zulässigen Bahnwinkelgeschwindigkeit berechnet. Die Ist-Bahnwinkelgeschwindigkeit Ω_{ist} wird aus der programmierten Bahngeschwindigkeit und dem Krümmungsradius R_B in Bahntangentenrichtung berechnet:

$$\Omega_{ist} = V_b \; / \; R_B. \tag{5.2}$$

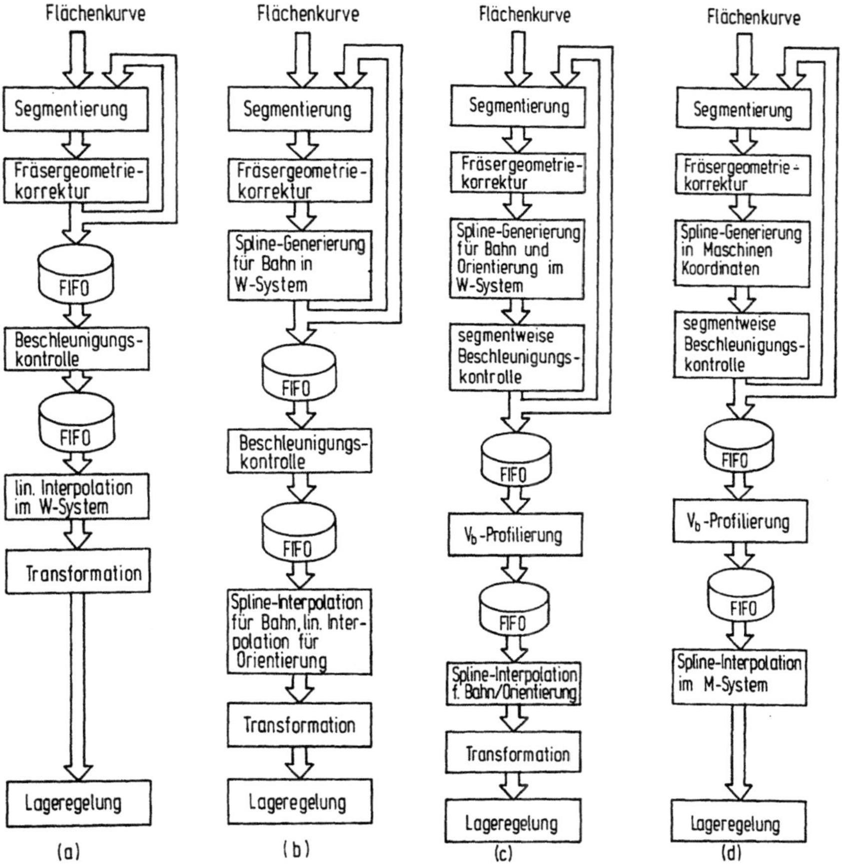

Bild 5.1: Strukturvarianten zur steuerungsinternen Spline-Generierung aus Flächenkurvenvorgabe

Falls Ω_{ist} größer als die maximal erlaubte Bahnwinkelgeschwindigkeit Ω_{max} ist, wird das Wegraster wie folgt linear korrigiert (Bild 5.2):

$$l_{ist} = l_{seg} \, (R_{ist} \, / \, R_g) \qquad (5.3)$$

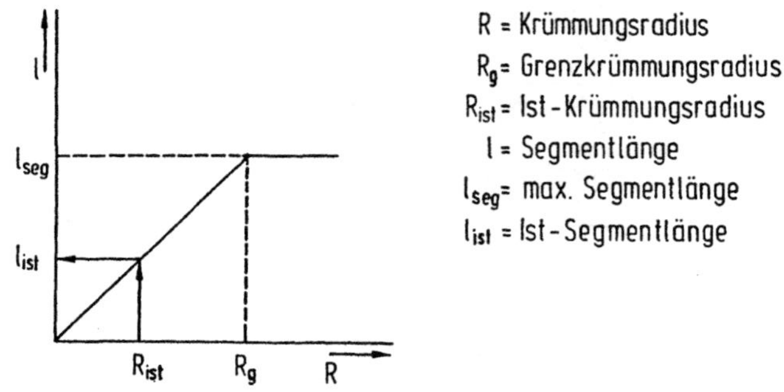

Bild 5.2: Dynamische Segmentierung

Durch die Anpassung des Wegrasters an die aktuelle Krümmung in Bahntangentenrichtung wird die Approximationsgenauigkeit verbessert. Diese Anpassung kann auch zusammen mit einer Reduzierung der Bahngeschwindigkeit durchgeführt werden. Damit wird die maximale Bahnbeschleunigung in Normalenrichtung begrenzt.

Es ist zwischen einstufiger und zweistufiger Spline-Generierung zu unterscheiden (Bild 5.3). Bei einstufiger Spline-Generierung wird die Bahnlänge s als Spline-Parameter gewählt. Dies hat den Vorteil, daß bei der Echtzeitinterpolation die Koordinatenwerte direkt aus der aktuellen Fahrlänge berechnet werden können. Bei zweistufiger Spline-Generierung werden zwei sequentiell wirkende Spline-Funktionen getrennt generiert. In der ersten Stufe wird die Bahnlänge s als Spline-Parameter verwendet. Der Ausgangswert der ersten Stufe ist der Bahnparameter w, der wieder als Eingangsgröße der zweiten Stufe verwendet wird.

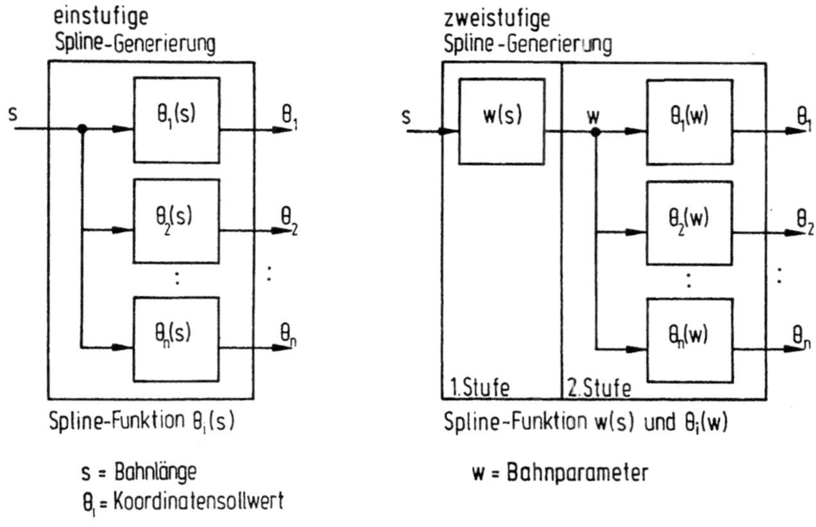

Bild 5.3: Einstufige und zweistufige Spline-Generierung

Die erste Struktur (Fall a, Bild 5.1) stellt die konventionelle Vorgehensweise für die fünfachsige Freiformflächenbearbeitung dar. Es werden nach der dynamischen Segmentierung und Frässergeometriekorrektur lineare Sätze im Werkstückkoordinatensystem erzeugt. Bei den weiteren betrachteten Strukturen (Fall b,c,d, Bild 5.1) werden dagegen Spline-Funktionen generiert. Dazu ist die Berechnung der Lage- und Orientierungsdifferentiale um die Fräserspitzenposition notwendig. Bei der zweiten Struktur werden Spline-Funktionen für die Fräserspitzenposition, bei der dritten zusätzlich Spline-Funktionen für die Fräserorientierung im Werkstückkoordinatensystem gebildet. Bei der vierten werden die Lage- und Orientierungsdifferentiale vom Werkstückkoordinatensystem in Maschinenkoordinaten transformiert. Die Bildung der Spline-Funktionen erfolgt in einzelnen Maschinenkoordinaten. Dies hat den Vorteil, daß bei der anschließenden Echtzeitinterpolation die Achsensollwerte direkt aus der aktuellen Fahrlänge ohne Aufruf der Rückwärtstransformation berechnet werden können. Die Durchführung der Beschleunigungskontrolle wird vereinfacht, da die Spline-Funktionen den Verlauf der Achsenfunktionen nachbilden. Dadurch kann der Steuerungskern mit einer weniger leistungsfähigen Steuerungshardware für die Echtzeitinterpolation und Lageregelung trotzdem einen kleinen Interpolationstakt erzielen. Die von der Abtastzeit abhängige dynamische Bahnabweichung wird dadurch reduziert.

Nachdem die Strukturen zur Generierung der Spline-Funktionen aus Vorgabe von Flächenkurven vorgestellt wurden, sollen im folgenden die Transformationsgleichungen einer fünfachsigen Fräsmaschine und die Berechnung von Ableitungen in Maschinenkoordinaten aus den Ableitungen im Werkstückkoordinatensystem betrachtet werden. Die Ableitungen werden als Randbedingungen bei der Spline-Generierung verwendet. Die exakte Berechnung der Ableitungen ist notwendig, um eine hochgenaue Spline-Funktion zu bilden.

5.3 Transformationsgleichungen einer fünfachsigen Fräsmaschine

Zur Durchführung der Freiformflächenbearbeitung kann eine fünfachsige Maschine auf unterschiedliche Arten realisiert werden. In /64/ wurden die Kombinationsmöglichkeiten aus translatorischen und rotatorischen Maschinenachsen untersucht. Die ausführbar erscheinenden Kombinationsmöglichkeiten werden als Bauformen von Fünf-Achsen-Maschinen bezeichnet. Die heute realisierten Fünf-Achsen-Fräsmaschinen bestehen überwiegend aus der Kombination von 3 translatorischen und 2 rotatorischen Maschinenachsen. Maschinen anderer Ausführungen kommen wegen des großen technischen Aufwandes bezüglich Führungen, Vorschubantrieben, Zu- und Abführung von Energie und Maschinensteifigkeit kaum zum Einsatz. Die in Bild 5.4 gezeigte Fünf-Achsen-Maschine wird für weitere Untersuchungen gewählt.

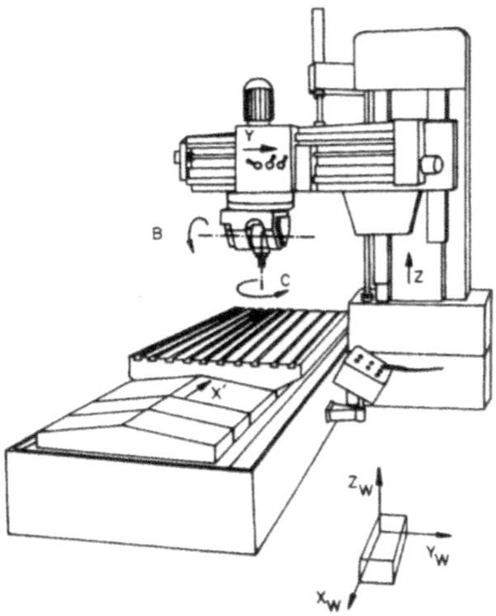

Bild 5.4: Fünfachsige Fräsmaschine

5.3.1 Transformation der Position und Orientierung

Die kinematische Transformation vom Werkstück- oder Raumkoordinatensystem in das Maschinenkoordinatensystem wird üblicherweise als Rückwärtstransformation bezeichnet /59/. Die Transformationsgleichungen für die betrachtete Maschine sind in Bild 5.5 zusammengefaßt. Die Werkzeugorientierung ist nur durch die beiden rotatorischen Achsen bestimmt. Die Rückwärtstransformation erfolgt in zwei Stufen. In der ersten Stufe wird die Transformation für die rotatorischen Achsen und in der zweiten Stufe die Transformation für die translatorischen Achsen durchgeführt. Besonders zu beachten ist die Transformation um die singuläre Stelle, bei der die Fräserachsrichtung parallel zur z-Achse steht. Die K-Komponente des Achsrichtungsvektors ist in diesem Fall 1 und die I- und J-Komponente 0. Die Lage der rotatorischen Achse kann theoretisch beliebige Werte annehmen, falls nur Punktinformationen bei der Rückwärtstransformation verfügbar sind. Falls der Bahn- und Orientierungsverlauf als zusätzliche Informationen für die Rücktransformation verfügbar sind, wird die Lage der Rundachse aus der Ableitungen $\dot{I}_W$ und $\dot{J}_W$, eindeutig bestimmt:

$$C_M = \arc\tan(\left|\frac{J_W}{I_W}\right|) \tag{5.4}$$

Aus $I_W = J_W = 0$ ergibt sich $K_W = 1$ (5.5)

$$C_M = \arc\tan(\left|\frac{\dot{J}_W}{\dot{I}_W}\right|) \tag{5.6}$$

Für die Spline-Generierung aus Flächenkurven, die gerade über die singuläre Stelle hinauslaufen, ist diese explizite Lösung von großer Bedeutung, da erst dadurch eine stetige Rotationsbewegung der C-Achse gewährleistet ist. Die Bahngenauigkeit wird durch die exakte Berechnung der Tangente um die C-Achse verbessert.

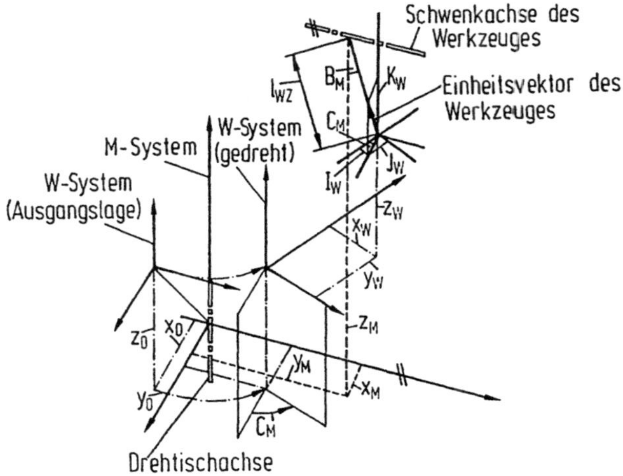

<u>Orientierungstransformation</u>:

$$\cos B_M = K_W$$

$$\cos C_M = \frac{I_W}{(1-K_W^2)^{1/2}}$$

<u>Vorwärtstransformation</u>:

$$x_W = -x_0 + y_M \sin C_M + (x_M - l_{WZ} \sin B_M) \cos C_M$$

$$y_W = -y_0 + y_M \cos C_M - (x_M - l_{WZ} \sin B_M) \sin C_M$$

$$z_W = -z_0 + z_M - l_{WZ} \cos B_M$$

<u>Rückwärtstransformation</u>:

$$x_M = (x_0 + x_W) \cos C_M - (y_0 + y_W) \sin C_M + l_{WZ} \sin B_M$$

$$y_M = (x_0 + x_W) \sin C_M + (y_0 + y_W) \cos C_M$$

$$z_M = z_0 + z_W + l_{WZ} \cos B_M$$

<u>Bild 5.5</u>: Transformationsgleichungen der fünfachsigen Fräsmaschine

5.3.2 Transformation der Ableitungen

Ausgehend von den Transformationsgleichungen in Bild 5.5 können die Beziehungen zwischen den Ableitungen in Maschinen- und Werkstückkoordinaten abgeleitet werden:

$$\dot{x}_M = \dot{x}_W \cos C_M - (x_0 + x_W)\ (\sin C_M)\ \dot{C}_M - \dot{y}_W \sin C_M$$

$$-(y_0 + y_W)\ (\cos C_M)\ \dot{C}_M + l_{WZ}(\cos B_M)\ \dot{B}_M \qquad (5.7)$$

$$\dot{y}_M = \dot{x}_W \sin C_M + (x_0 + x_W)\ (\cos C_M)\ \dot{C}_M + \dot{y}_W \cos C_M$$
$$-(y_0 + y_W)\ (\sin C_M)\ \dot{C}_M \qquad (5.8)$$

$$\dot{z}_M = \dot{z}_W - l_{WZ}(\sin B_M)\ \dot{B}_M \qquad (5.9)$$

$$\dot{B}_M = \frac{-\dot{K}_W}{\sin B_M}, \qquad B_M <> 0 \qquad (5.10a)$$

$$= \pm\sqrt{\dot{I}_W^2 + \dot{J}_W^2}, \qquad B_M = 0 \qquad (5.10b)$$

$$\dot{C}_M = \frac{I_W \dot{J}_W - J_W \dot{I}_W}{I_W^2 + J_W^2} \qquad K_W <> 1 \qquad (5.11)$$

Falls $K_W = 1$ folgt $B_M = 0$, $I_W = J_W = 0$, $\dot{K}_W = 0$

$$\dot{C}_M = \frac{\dot{I}_W \ddot{J}_W - \dot{J}_W \ddot{I}_W}{2\,(\dot{I}_W^2 + \dot{J}_W^2)} \qquad \dot{I}_W^2 + \dot{J}_W^2 <> 0 \tag{5.12}$$

$$= 0 \qquad \dot{I}_W^2 + \dot{J}_W^2 = 0 \tag{5.13}$$

Zu beachten ist die Transformation an der singulären Stelle. Nach Einsetzen von $I_W = 0$ und $J_W = 0$ in Gleichung (5.11) ergibt sich der undefinierte Ausdruck 0/0. Darauf wird die l'Hospitalsche Regel angewandt. Der Nenner und der Zähler der rechten Seite der Gleichung (5.11) werden differenziert. Danach erhält man die Gleichung (5.12). Bei der Berechnung von $\dot{B}_M$ ist die Anwendung von l'Hospitalsche Regel ebenfalls notwendig.

5.4 Berechnung von Ableitungen im Werkstückkoordinatensystem

5.4.1 Flächenbezogene Ableitungen um den Flächeneingriffspunkt

Der Kurvenparameter w wird für die folgenden Ausführungen als Bahnparameter gewählt. Ausgangspunkt ist die Parameterdarstellung des Eingriffspunktvektors:

$$\underline{p}_E = \underline{p}_E(u,v) = \underline{p}_E(u(w),\ v(w))$$

Die Ableitung des Eingriffspunktvektors $\underline{p}_E(u,v)$ nach der Bahnparameter w lautet:

$$\frac{d\underline{p}_E}{dw} = \left(\frac{dx}{dw}, \frac{dy}{dw}, \frac{dz}{dw} \right) \tag{5.14}$$

Der Fräsereingriffspunkt im Werkstückkoordinatensystem ergibt sich aus den folgenden Vektor-Multiplikationen:

$$x = \underline{V}\, A_x\, \underline{U}^t \tag{5.15}$$
$$y = \underline{V}\, A_y\, \underline{U}^t \tag{5.16}$$
$$z = \underline{V}\, A_z\, \underline{U}^t \tag{5.17}$$

wobei A_x, A_y, A_z Flächenkoeffizientenmatrizen sind.

Die Parametervektoren U und V des Eingriffspunktes werden wie folgt definiert:

$$\underline{U} = (\ 1,\ u\ ,\ u^2\ ,\ ..\ u^m\ ) \tag{5.18}$$
$$\underline{V} = (\ 1,\ v\ ,\ v^2\ ,\ ..\ v^n\ ) \tag{5.19}$$

wobei m und n die Polynomordnung in u- und v-Richtung sind.

Diese vektorielle Vorgehensweise zur Berechnung der Flächendaten erweist sich als vorteilhaft für die Rechenzeitoptimierung. Zur Berechnung der Ableitung des Flächeneingriffspunktes und der Flächenkrümmungen werden die erste und zweite Ableitung des Parametervektors $\underline{U}$ und $\underline{V}$ gebildet:

$$\underline{U}' = (\ 0,\ 1,\ 2u,\ 3u^2,\ \dots\ , mu^{m-1}\ ) \tag{5.20}$$

$$\underline{V}' = (\ 0,\ 1,\ 2v,\ 3v^2,\ \dots\ , nv^{n-1}\ ) \tag{5.21}$$

$$\underline{U}'' = (\ 0,\ 0,\ 2,\ 6u,\ \dots\ , m(m-1)u^{m-2}\ ) \tag{5.22}$$

$$\underline{V}'' = (\ 0,\ 0,\ 2,\ 6v,\ \dots\ , n(n-1)v^{n-2}\ ) \tag{5.23}$$

Die Beziehung zwischen der Bahnlänge s und dem Bahnparameter w wird durch folgende Gleichung beschrieben:

$$\frac{ds}{dw} = \left(\left(\frac{dx}{dw}\right)^2 + \left(\frac{dy}{dw}\right)^2 + \left(\frac{dz}{dw}\right)^2 \right)^{1/2} \tag{5.24}$$

Die Komponenten x, y und z sind Funktionen von u und v. Die Ableitung von x, y und z nach dem Bahnparameter w lautet:

$$\frac{dx}{dw} = \frac{dx}{du}\frac{du}{dw} + \frac{dx}{dv}\frac{dv}{dw} \tag{5.25}$$

$$\frac{dy}{dw} = \frac{dy}{du}\frac{du}{dw} + \frac{dy}{dv}\frac{dv}{dw} \tag{5.26}$$

$$\frac{dx}{dw} = \frac{dz}{du}\frac{du}{dw} + \frac{dz}{dv}\frac{dv}{dw} \tag{5.27}$$

Die Ableitung von x, y, z nach u und v in vektorieller Darstellung ergibt sich aus Gl. (5.15) .. (5.17):

$$\frac{dx}{du} = \underline{V}\ A_x\ \underline{U}'^t \tag{5.28}$$

$$\frac{dx}{dv} = \underline{V}'\ A_x\ \underline{U}^t \tag{5.29}$$

$$\frac{dy}{du} = \underline{V}\ A_y\ \underline{U}'^t \tag{5.30}$$

$$\frac{dy}{dv} = \underline{V}'\ A_y\ \underline{U}^t \tag{5.31}$$

$$\frac{dz}{du} = \underline{V}\ A_z\ \underline{U}'^t \tag{5.32}$$

$$\frac{dz}{dv} = \underline{V}'\ A_z\ \underline{U}^t \tag{5.33}$$

Für die Tangente in Parameterrichtung $\underline{T}_u$ und $\underline{T}_v$ gilt

$$\underline{T}_u = \left(\frac{dx}{du}, \frac{dy}{du}, \frac{dz}{du} \right) \tag{5.34}$$

$$\underline{T}_v = \left(\frac{dx}{dv}, \frac{dy}{dv}, \frac{dz}{dv} \right) \tag{5.35}$$

Die normierte Flächennormale $\underline{FN}^\circ$ ergibt sich aus dem Vektorprodukt von $\underline{T}_u$ und $\underline{T}_v$:

$$\underline{FN}^\circ = \frac{\underline{FN}}{|\underline{FN}|} \qquad \text{mit} \qquad \underline{FN} = \underline{T}_u \times \underline{T}_v \tag{5.36}$$

Für die Bahntangente $\underline{TB}$ gilt :

$$\underline{TB} = \underline{T}_u \frac{du}{dw} + \underline{T}_v \frac{dv}{dw} \qquad (5.37)$$

Der Fräserachsrichtungsvektor $\underline{Q}$ ergibt sich aus dem Voreilwinkel ß, der normierten Flächentangente $\underline{TB}°$ und der Flächennormalen $\underline{FN}°$:

$$\underline{Q} = \underline{TB}° \sin ß + \underline{FN}° \cos ß \qquad (5.38)$$

Die Ableitung der normierten Flächennormalen und der Bahntangente nach dem Bahnparameter w sieht wie folgt aus:

$$\frac{d\underline{FN}°}{dw} = \frac{d\underline{FN}}{dw} |\underline{FN}| - (\underline{FN}° (\underline{FN}° \frac{d\underline{FN}}{dw})) / |\underline{FN}| \qquad (5.39)$$

$$\frac{d\underline{TB}°}{dw} = \frac{d\underline{TB}}{dw} |\underline{TB}| - (\underline{TB}° (\underline{TB}° \frac{d\underline{TB}}{dw})) / |\underline{TB}| \qquad (5.40)$$

mit

$$\frac{d\underline{FN}}{dw} = \frac{d\underline{T}_u}{dw} \times \underline{T}_v + \underline{T}_u \times \frac{d\underline{T}_v}{dw} \qquad (5.41)$$

$$\frac{d\underline{TB}}{dw} = \frac{\frac{d\underline{T}_u}{dw} \frac{du}{dw} + \underline{T}_u \frac{d^2u}{dw^2} + \frac{d\underline{T}_v}{dw} \frac{dv}{dw} + \underline{T}_v \frac{d^2v}{dw^2}}{dw}$$

(5.42)

Die Ableitung der x-Komponente der Bahntangenten in Parameterrichtung nach dem Bahnparameter w lautet:

$$\frac{d\underline{T}_{ux}}{dw} = (\underline{V} A_x \underline{U}''^t) \frac{du}{dw} + (\underline{V}' A_x \underline{U}'^t) \frac{dv}{dw} \qquad (5.43)$$

$$\frac{d\underline{T}_{vx}}{dw} = (\underline{V}' A_x \underline{U}'^t) \frac{du}{dw} + (\underline{V}'' A_x \underline{U}^t) \frac{dv}{dw} \qquad (5.44)$$

Analog dazu gilt für $\underline{T}_{uy}$, $\underline{T}_{vy}$, $\underline{T}_{uz}$ und $\underline{T}_{vz}$:

$$\frac{d\underline{T}_{uy}}{dw} = (\underline{V} \, A_y \, \underline{U}''^t) \frac{du}{dw} + (\underline{V}' \, A_y \, \underline{U}'^t) \frac{dv}{dw} \qquad (5.45)$$

$$\frac{d\underline{T}_{vy}}{dw} = (\underline{V}' \, A_y \, \underline{U}'^t) \frac{du}{dw} + (\underline{V}'' \, A_y \, \underline{U}^t) \frac{dv}{dw} \qquad (5.46)$$

$$\frac{d\underline{T}_{uz}}{dw} = (\underline{V} \, A_z \, \underline{U}''^t) \frac{du}{dw} + (\underline{V}' \, A_z \, \underline{U}'^t) \frac{dv}{dw} \qquad (5.47)$$

$$\frac{d\underline{T}_{vz}}{dw} = (\underline{V}' \, A_z \, \underline{U}'^t) \frac{du}{dw} + (\underline{V}'' \, A_z \, \underline{U}^t) \frac{dv}{dw} \qquad (5.48)$$

5.4.2 Ableitung des Fräserspitzenpositionsvektors

Der Vektor zur Fräserspitzenposition P_S ergibt sich aus der Addition zweier Vektoren:

$$\underline{P}_S = \underline{P}_E + \underline{V}_k \qquad (5.49)$$

Der Vektor $\underline{P}_E$ ist der Fräsereingriffspunktvektor. Der Vektor $\underline{V}_k$ ist ein Korrekturvektor und hängt vom Frästertyp und Voreilwinkel ab. Die Berechnung des Korrekturvektors für die verschiedenen Bearbeitungsfälle und Fräsertypen wird in Bild 5.6 zusammengestellt. Die Ableitung des Fräserspitzenpositionsvektors $\underline{P}_S$ nach dem Bahnparameter w lautet:

$$\frac{d\underline{P}_S}{dw} = \frac{d\underline{P}_E}{dw} + \frac{d\underline{V}_k}{dw} \qquad (5.50)$$

Schaftfräser ohne Eckenradius	Schaftfräser mit Eckenradius	Kugelkopffräser, zylindrischer Gesenkfräser
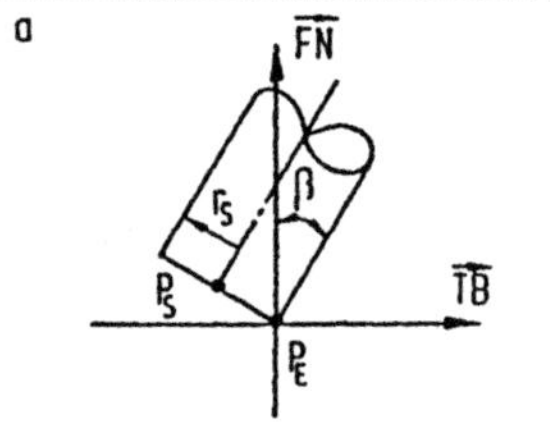	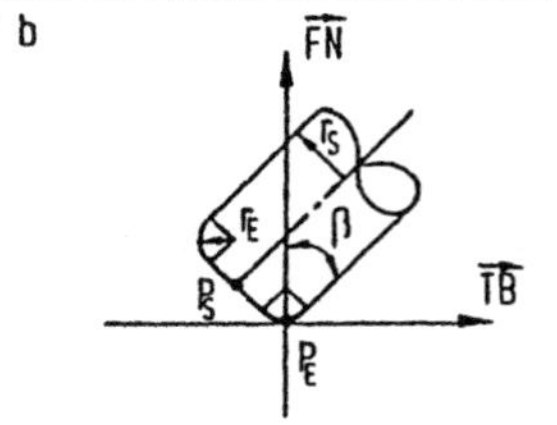	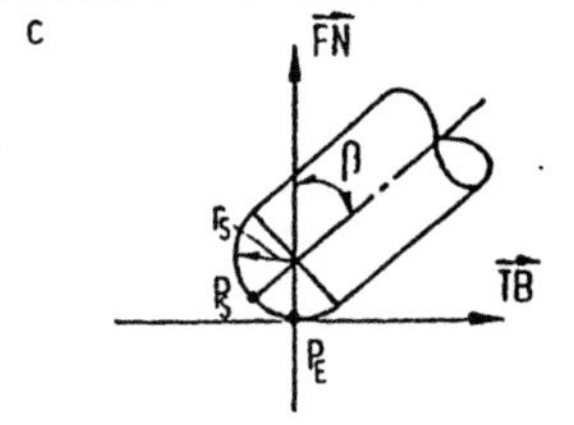
$\vec{V_K} = \overrightarrow{P_E P_S} = r_S \sin\beta\, \overrightarrow{FN^\circ} - r_S \cos\beta\, \overrightarrow{TB^\circ}$	$\vec{V_K} = \overrightarrow{P_E P_S} = (r_S - r_E)\sin\beta\, \overrightarrow{FN^\circ} - (r_S - r_E)\cos\beta\, \overrightarrow{TB^\circ} - r_E \sin\beta\, \overrightarrow{TB^\circ} + r_E(1-\cos\beta)\overrightarrow{FN^\circ}$	$\vec{V_K} = \overrightarrow{P_E P_S} = r_S(1-\cos\beta)\overrightarrow{FN^\circ} - r_S \sin\beta\, \overrightarrow{TB^\circ}$
$d\vec{V_K} = (r_S\cos\beta\, \overrightarrow{FN^\circ} - r_S \sin\beta\, \overrightarrow{TB^\circ})d\beta + r_S \sin\beta\, d\overrightarrow{FN^\circ} - r_S\cos\beta\, d\overrightarrow{TB^\circ}$	$d\vec{V_K} = ((r_S - r_E)\sin\beta + r_E(1-\cos\beta))d\overrightarrow{FN^\circ} - (r_S - r_E)\cos\beta\, d\overrightarrow{TB^\circ} + r_E \sin\beta\, d\overrightarrow{TB^\circ} + (((r_S - r_E)\cos\beta + r_E \sin\beta)\overrightarrow{FN^\circ} + ((r_S - r_E)\sin\beta - r_E\cos\beta)\overrightarrow{TB^\circ})d\beta$	$d\vec{V_K} = r_S(1-\cos\beta)d\overrightarrow{FN^\circ} - r_S \sin\beta\, d\overrightarrow{TB^\circ} + r_S \sin\beta\, \overrightarrow{FN^\circ}d\beta - r_S\cos\beta\, \overrightarrow{TB^\circ}d\beta$

Bild 5.6: Berechnung des Korrekturvektors und dessen Differentiale für verschiedene Fräsertypen

Der Voreilwinkel ß zwischen zwei Eingriffspunkten wird linear interpoliert. So ergibt sich die Ableitung des Voreilwinkels nach der Bahnlänge s bei statischer Segmentierung:

$$\frac{d\beta}{ds} = \frac{\beta_e - \beta_a}{l_{seg}} \qquad (5.51)$$

wobei

$ß_a$: Anfangsvoreilwinkel des Bahnsegments,

$ß_e$: Endvoreilwinkel des Bahnsegments,

l_{seg} : Segmentlänge.

Die Differentiale des Korrekturvektors $d\underline{V}_k$ für verschiedene Fräsertypen werden ebenfalls in Bild 5.6 zusammengefaßt. Die Differentiale $d\underline{FN}°$ und $d\underline{TB}°$ werden nach Gl.(5.39) und Gl.(5.40) berechnet. Die Ableitung des Fräserachsrichtungsvektors $\underline{Q}$ nach dem Bahnparameter w lautet:

$$\frac{d\underline{Q}}{dw} = \left(\frac{d\underline{FN}°}{dw}\right) \cos ß + \left(\frac{d\underline{TB}°}{dw}\right) \sin ß + (\underline{TB}° \cos ß - \underline{FN}° \sin ß) \left(\frac{dß}{ds}\right) \left(\frac{ds}{dw}\right) \qquad (5.52)$$

Die Fräsergeometriekorrektur für die Bearbeitung von Regelflächen mit fünfachsigem Umfangsfräsen ist wesentlich komplizierter als die für das fünfachsige Stirnfräsen. Ausgehend von der Lösung nach /18/ können auch die Differentiale der Fräserspitzenposition und der Fräserorientierung abgeleitet werden (Bild 5.7). Die Berechnung der Differentiale um die Fräserspitzenposition für das fünfachsige Stirn- und Umfangsfräsen ist somit vollständig.

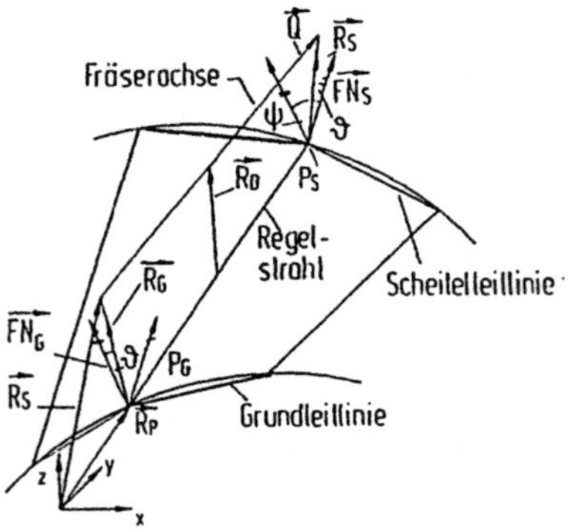

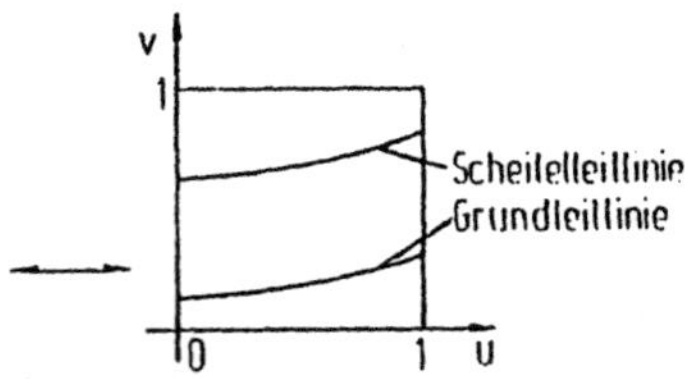

$\vec{FN_G}$: Flächennormale auf der Grundleitlinie
$\vec{FN_S}$: Flächennormale auf der Scheitelleitlinie
$\vec{R_G}$: Vektor von der Grundleitlinie zur Fräserachse
$\vec{R_S}$: Vektor von der Scheitelleitlinie zur Fräserachse
$\vec{R_D}$: Vektor mit dem minimalen Abstand Regelstrahl - Fräserachse
$\vartheta = \psi/4$: optimale Anstellung

Fräsergeometriekorrektur	Berechnung der Differenziale
1. Schritt: Berechnung von $\vec{R_G}, \vec{R_S}$ $\vec{R_G} = \vec{R_M^0} + \vec{FN_G^0}$ $\vec{R_S} = \vec{R_M^0} + \vec{FN_S^0}$ mit $\vec{R_M} = \vec{FN_G^0} + \vec{FN_S^0}$ 2. Schritt: Fräserspitzenposition $\vec{R_S} = \vec{R_P} + r_S \cdot \vec{R_G^0}$ 3. Schritt. Fräserachsrichtungsvektor $\vec{Q} = \vec{P_G P_S} + r_S \cdot (\vec{R_S^0} - \vec{R_G^0})$ 4. Schritt: Unterschnittausgleich $\vec{R_S'} = \vec{R_S} + (r_S - \lvert\vec{R_D}\rvert) \cdot \vec{R_D^0}$ mit $\vec{R_D} = \frac{1}{2}(\vec{P_G P_S} + \vec{Q}) + r_S \cdot \vec{R_G^0}$	1. Schritt: $d\vec{R_M} = d\vec{FN_G^0} + d\vec{FN_S^0}$ $d\vec{R_G} = d\vec{R_M^0} + d\vec{FN_G^0}$ $d\vec{R_S} = d\vec{R_M^0} + d\vec{FN_S^0}$ 2. Schritt: $d\vec{R_S} = d\vec{R_P} + r_S \cdot d\vec{R_G^0}$ 3. Schritt: $d\vec{Q} = d\vec{P_G P_S} + r_S \cdot (d\vec{R_S} - d\vec{R_G^0})$ 4. Schritt: $d\vec{R_D} = 0{,}5 \cdot (d\vec{P_G P_S} + d\vec{Q}) + r_S \cdot d\vec{R_G^0}$ $d\vec{R_S'} = d\vec{R_S} + r_S \cdot d\vec{R_D^0} + (\vec{R_D^0} \cdot d\vec{R_D}) \cdot \vec{R_D^0} + \lvert\vec{R_D}\rvert \cdot d\vec{R_D^0}$ aus $\vec{H^0}, \vec{H}$ und $d\vec{H}$ $d\vec{H^0} = d\vec{H}/\lvert\vec{H}\rvert - \vec{H^0}(\vec{H^0} \cdot (d\vec{H}/\lvert\vec{H}\rvert))$ $d\lvert\vec{R_D}\rvert = \vec{R_D^0} \cdot d\vec{R_D}$

Bild 5.7: Berechnung der Differentiale beim fünfachsigen Umfangsfräsen verwundener Regelflächen

5.5 Untersuchungen zur Bahngenauigkeit der steuerungsinternen Spline-Generierung

5.5.1 Allgemeines

Um eine Aussage über die erzielbare Bahngenauigkeit der in Abschnitt 5.2 vorgestellten Strukturvariante machen zu können, wird anhand einer Testbahn auf einer Testfläche der sich ergebende Bahnfehler untersucht. Unter Bahnfehler versteht man hier die Abweichung des Fräsereingriffspunkts von der Testbahn auf der Testfläche. Bild 5.9 stellt die Testfläche und Testbahn dar. Die Testfläche besitzt Geraden in u-Richtung und Polynome vierter Ordnung in v-Richtung. Die Krümmung in v-Richtung verändert sich von konvex zu konkav.

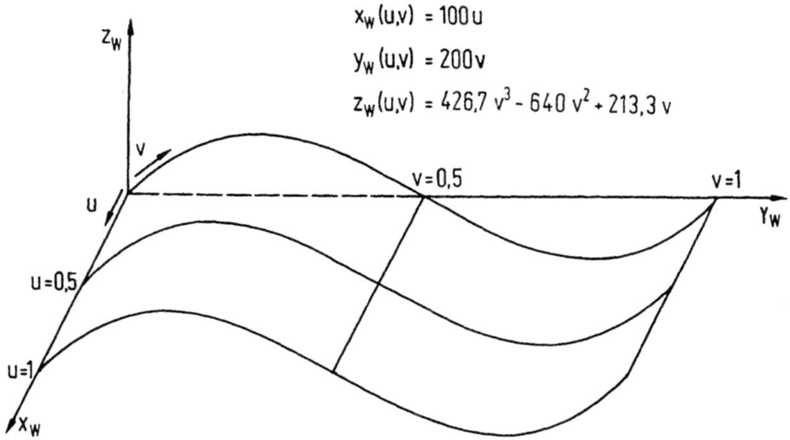

Bild 5.9: Testfläche und Testbahn für die Untersuchung der Interpolationsstruktur

Es wird ein Schaftfräser ohne Eckenradius verwendet. Der Soll-Fräserachsrichtungsvektor liegt immer parallel zur yz-Ebene. Damit wird die Auswertung der Bahnabweichung wesentlich vereinfacht. Als Maß für die Bahngenauigkeit wird die Größe der Bahnabweichung des Eingriffspunktes in z-Achsenrichtung herangezogen. Bild 5.10 zeigt die notwendigen Schritte zur Berechnung der Bahnabweichung.

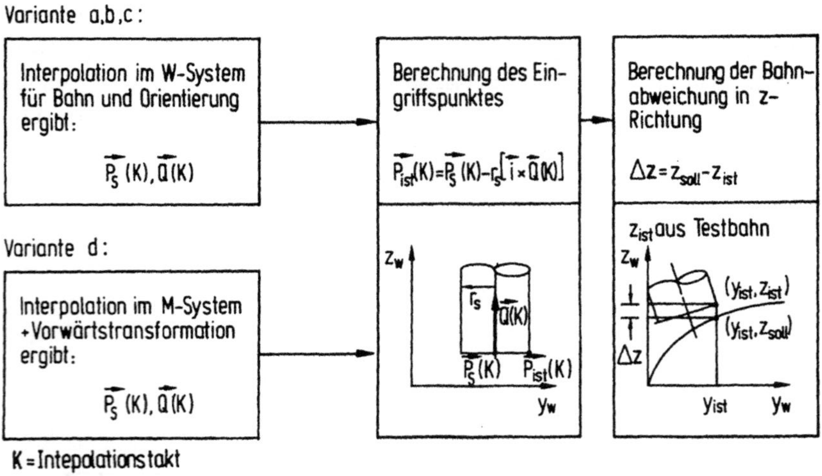

Bild 5.10: Schritte zur Berechnung der Bahnabweichung

5.5.2 Bahnabweichung aus Spline-Interpolation im Werkstückkoordinatensystem

Bild 5.11 stellt die segmentweise maximalen Bahnabweichungen im Betrag bei statischer Bahnsegmentierung und Spline-Interpolation für die Bahn im Werkstückkoordinatensystem (Fall b, Bild 5.1) dar.

Eine Verbesserung um den Faktor 2 gegenüber der konventionellen linearen Interpolation für Bahn und Orientierung (Bild 5.12) ist durch die Spline-Interpolation für die Bahn möglich.

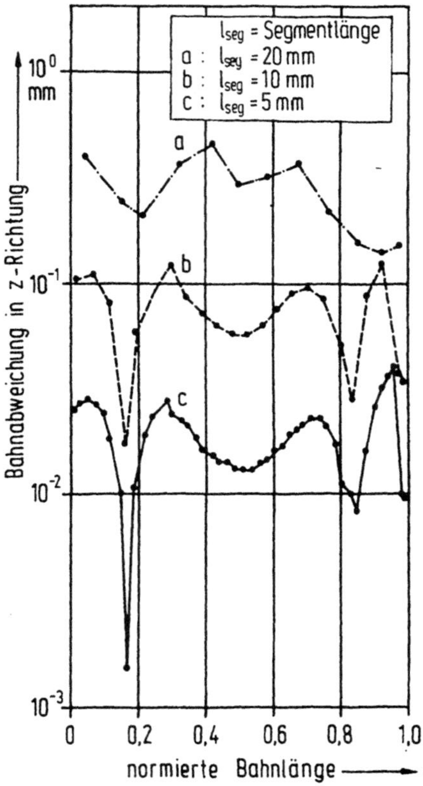

Bild 5.11: Bahnabweichung bei linearer Interpolation für Orientierung, Spline-Interpolation für Bahn mit statischer Segmentierung

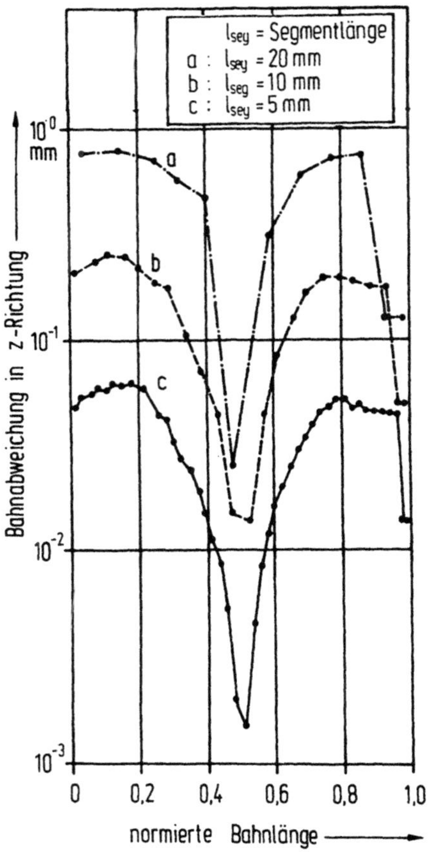

Bild 5.12: Bahnabweichung bei linearer Interpolation für Orientierung und Bahn mit statischer Segmentierung

In beiden Fällen ist die Abweichung deutlich von der Krümmung in Bahntangentenrichtung und der Segmentlänge abhängig. Durch Halbierung der Segmentlänge verbessert sich die Abweichung bei Struktur 1 und 2 um den Faktor 3. Die von der Krümmung abhängige Bahnabweichung läßt sich durch eine automatische Anpassung der Segmentlänge an die aktuelle Krümmung verbessern (Bild 5.13). Die Testdaten zeigen, daß eine lineare Interpolation für die Bahn und Orientierung (Struktur a) oder eine Spline-Interpolation für die Bahn mit linearer Interpolation für die Orientierung (Struktur b) keine befriedigende Bahngenauigkeit liefern.

Eine hochgenaue Bahnerzeugung ist nur möglich, wenn für die Bahn und Orientierung gleichzeitig Spline-Funktionen verwendet werden (Struktur c, Bild 5.14). Die Bahnabweichung liegt jetzt im Bereich des Rundungs- und Abbruchfehlers. Eine Verdoppelung oder Halbierung der Segmentlänge bringt deshalb keine Verbesserung mehr. Im Vergleich zu Bild 5.11 ist erkennbar, wie stark die Orientierungsabweichung zu der gesamten Bahnabweichung beiträgt. Die Struktur c erzielt eine gute Bahngenauigkeit auch bei sehr großer Segmentlänge.

5.5.3 Bahnabweichung aus Spline-Interpolation in Maschinenkoordinaten

Bild 5.15 und Bild 5.16 zeigen die Bahnabweichung bei der Spline-Interpolation in Maschinenkoordinaten. Die zweistufige Spline-Interpolation ist um den Faktor 10 besser als die einstufige. Durch Halbierung der Segmentlänge verkleinert sich die Bahnabweichung für beide Verfahren um den Faktor 10. Durch dynamische Segmentierung für beide Verfahren kann die Bahngenauigkeit sehr stark verbessert werden (Bild 5.17 und Bild 5.18). Im Vergleich zur linearen Interpolation aus Bild 5.12 ist die Spline-Interpolation durch Verkleinerung der Segmentlänge konvergenzfähiger. Im Vergleich zu der zweistufigen Spline-Interpolation sowohl für die Bahn als auch für die

Orientierung ist die zweistufige Spline-Interpolation in Maschinenkoordinaten jedoch unterlegen. Um für alle Fälle eine hohe Bahngenauigkeit zu gewährleisten, ist bei zweistufiger Spline-Interpolation in Maschinenkoordinaten eine dynamische Segmentierung notwendig.

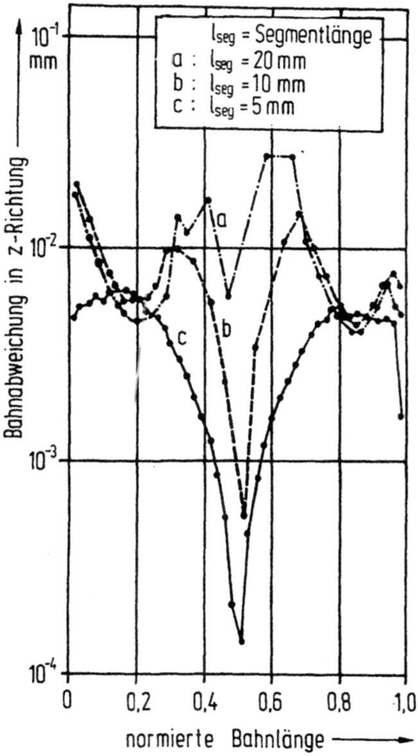

Bild 5.13: Bahnabweichung bei linearer Interpolation für Orientierung und Bahn mit dynamischer Segmentierung

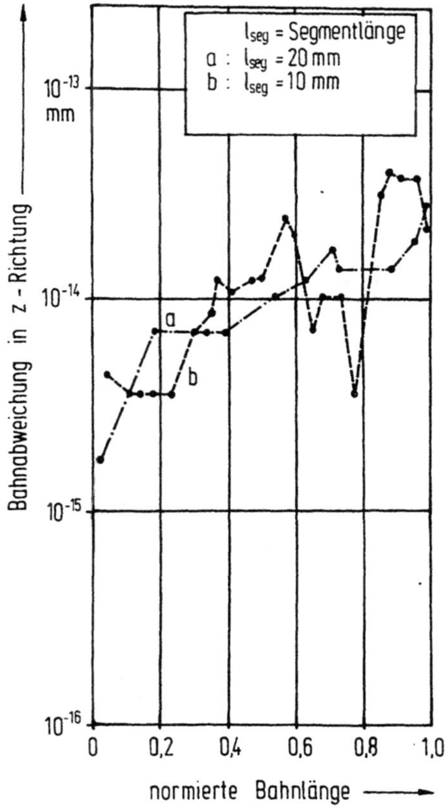

Bild 5.14: Bahnabweichung bei Spline-Interpolation für Orientierung und Bahn mit statischer Segmentierung

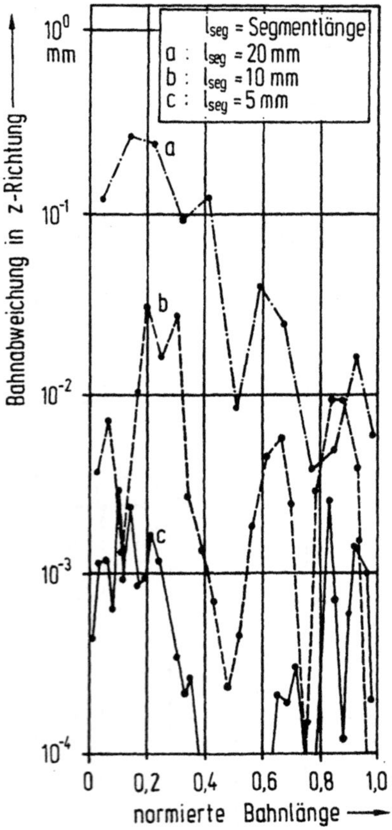

Bild 5.15: Bahnabweichung bei einstufiger Spline-Interpolation in Maschinenkoordinaten mit statischer Segmentierung

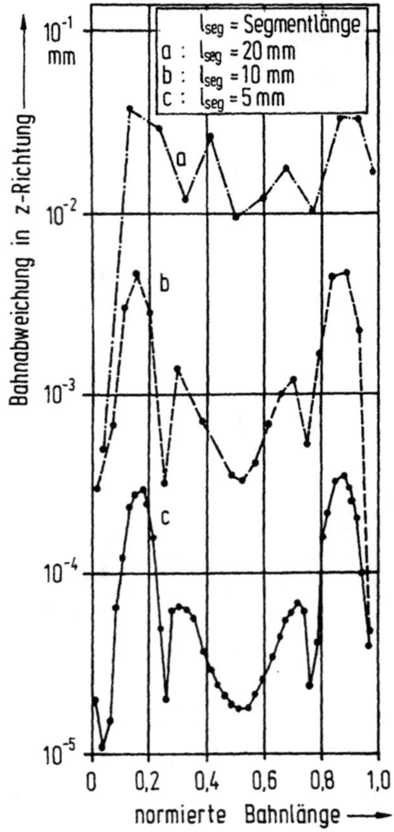

Bild 5.16: Bahnabweichung bei zweistufiger Spline-Interpolation in Maschinenkoordinaten mit statischer Segmentierung

Zusammenfassend läßt sich sagen, daß eine hochgenaue Bahnerzeugung aus der Vorgabe von Flächenkurven nur durch zweistufige Spline-Interpolation sowohl für die Bahn als auch für die Orientierung im Werkstückkoordinatensystem erzielt werden kann.

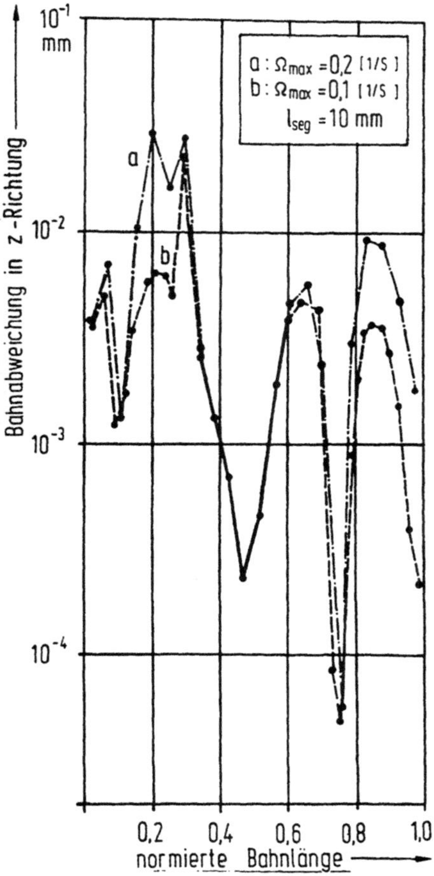

Bild 5.17: Bahnabweichung bei einstufiger Spline-Interpolation in Maschinenkoordinaten mit dynamischer Segmentierung

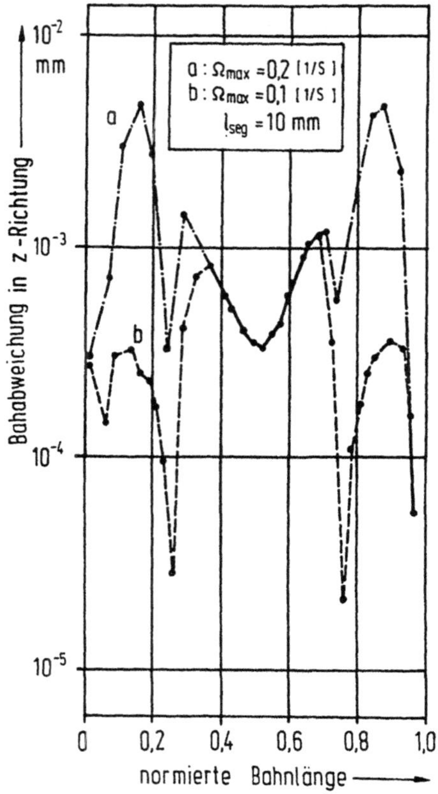

Bild 5.18: Bahnabweichung bei zweistufiger Spline-Interpolation in Maschinenkoordinaten mit dynamischer Segmentierung

Eine Spline-Interpolation für die Bahn zusammen mit einer linearen Interpolation für die Orientierung ist wegen den begrenzten Verbesserungen nicht zu empfehlen. Die zweistufige Spline-Interpolation in Maschinenkoordinaten mit dynamischer Segmentierung erzielt eine vernachlässigbare Bahnabweichung und ist sinnvoll dort einzusetzen, wo nur geringe Hardwareunterstützung für die Echtzeitinterpolation vorliegt. Die Ergebnisse sind auch anwendbar für Programmiersysteme, die eine Spline-Schnittstelle zu Steuerungen besitzen.

6 Realisierung

6.1 Gerätetechnischer Aufbau

Zur Erprobung der entwickelten Software wird ein nach dem MPST-Konzept /35/ aufgebautes Mehrprozessorkartensystem mit integriertem Personal Computer verwendet (Bild 6.1). Der Steuerungskern umfaßt alle Echtzeitfunktionen wie die Lageregelung, die Polynominterpolation und die Technologiedatenverarbeitung (SPS). Eine Koppelkarte macht es möglich, Steuerdaten zwischen dem Personal Computer und dem Steuerungskern auszutauschen. Der Personal Computer wird mit Hilfe eines Multitasking-Betriebssystems als intelligentes Bedienfeld benutzt und kann Funktionen wie Bedienungsdatenverarbeitung, Ankopplung an ein Kommunikationsnetz und grafikunterstützte Bearbeitungssimulation

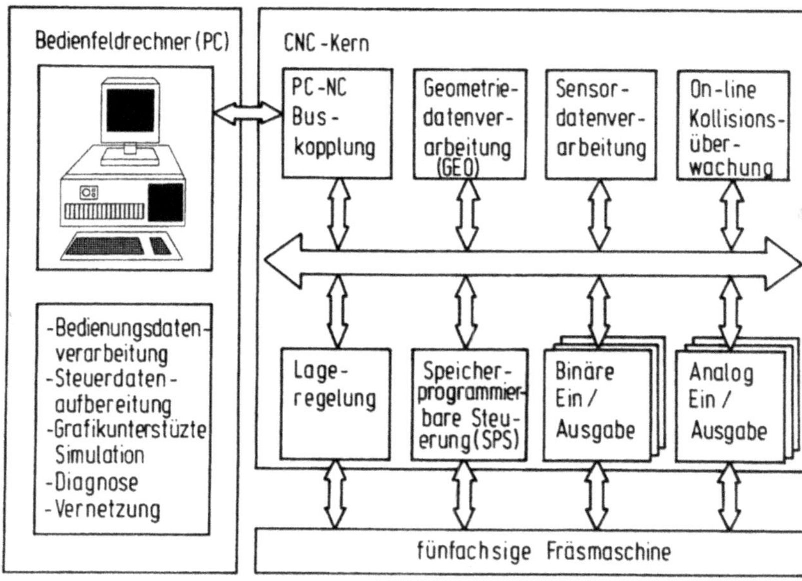

Bild 6.1: Gerätetechnischer Aufbau einer numerischen Steuerung für das fünfachsige Fräsen

simulation durchführen. Der Funktionsblock flächenorientierte Steuerdatenaufbereitung wird ständig im Hintergrund aktiviert.

6.2 Realisierung einer flächenorientierten Steuerdatenaufbereitung

6.2.1 Softwarestruktur

In Bild 6.2 ist im wesentlichen die funktionale Struktur der realisierten Funktionsblöcke flächenorientierte Steuerdatenaufbereitung (FSDA) und Geometriedatenverarbeitung dargestellt. Eingabeschnittstellen für FSDA sind die erweiterte DIN 66025 in Kapitel 3, die Geometrieschnittstelle nach VDAFS, Maschinendaten und Werkzeugdaten. Ausgabeschnittstelle für FSDA ist eine Datenschnittstelle in Form eines FIFOs. Vor Beginn der Bearbeitung werden die externen Geometriedaten und Werkzeugdaten in ein internes Format umgewandelt. Die Datenstruktur der steuerungsinternen Geometriedaten ist so ausgelegt, daß ein schneller Zugriff auf Flächen- oder Kurvendaten möglich ist (Bild 6.3). Die Funktion "Flächendatenverwaltung" bietet eine Prozedurschnittstelle. Durch Übergabe von Flächen- oder Flächenkurvennamen werden die aktuell benötigten Zeiger auf die Flächen- und Kurvendaten initialisiert und für weitere Datenzugriffe bereitgestellt.

Die Steuerdaten bestehen aus bewegungs- und funktionserzeugenden Sätzen, die sequentiell abgearbeitet werden. Mit Hilfe der Funktionssätze werden folgende Funktionen realisiert:

- Dateiverwaltung,
- Prozeßdatenein- und -ausgabe,
- Synchronisierung,
- Maschinendatenein- und -ausgabe,
- Einstellung der Maschinenparameter.

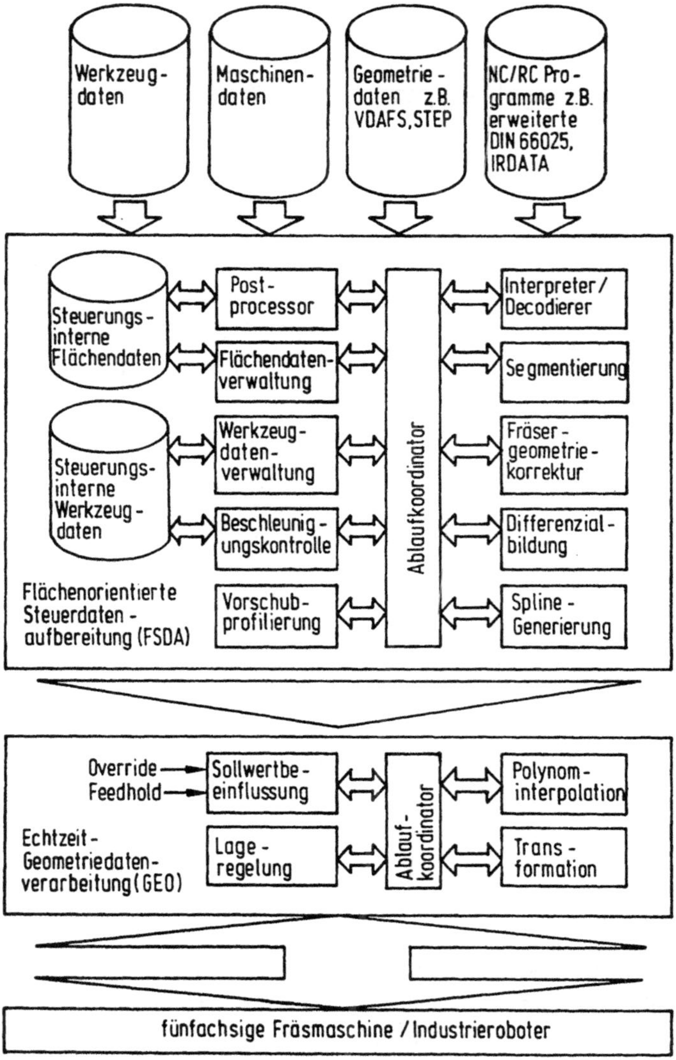

Bild 6.2: Funktionale Struktur der realisierten Steuerung

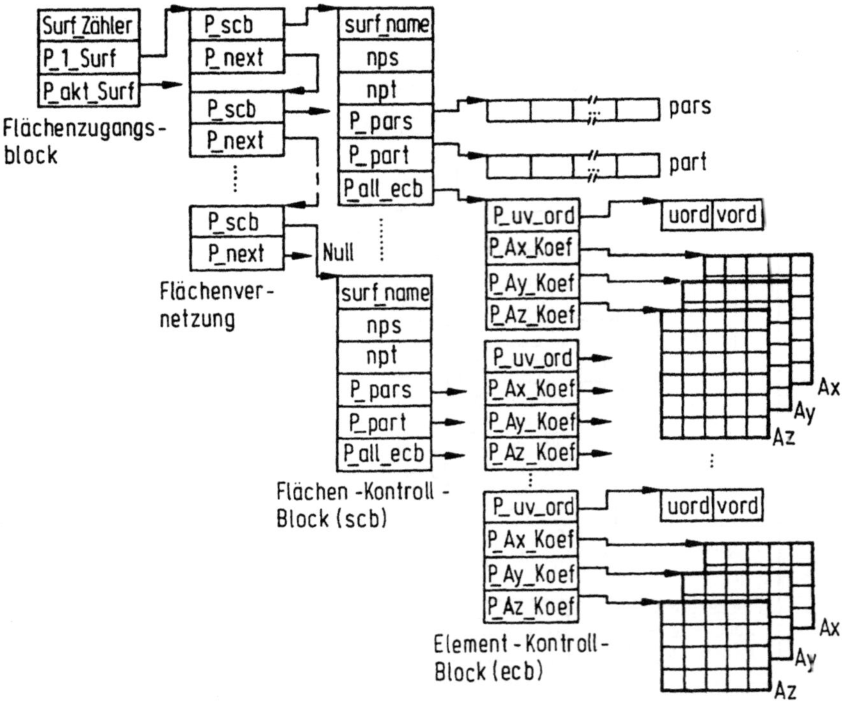

Bild 6.3: Datenstruktur der steuerungsinternen Flächendatenverwaltung

6.2.2 Rechenzeitoptimierung

Die Berechnung von Flächendaten und Flächendifferentialen ist sehr rechenintensiv. Zur Optimierung der Rechenzeit bietet die vektorielle Darstellung der Flächendaten ein sehr vorteilhaftes Hilfsmittel. Die Berechnung des Flächeneingriffspunktes nach Gleichung (5.15) erfolgt zuerst aus der Multiplikation des Parametervektors V mit der Flächenmatrix A_x. Das Ergebnis $\underline{V}\ A_x$ ist ein Vektor, der wieder mit dem transponierten Parametervektor $\underline{U}^t$ multipliziert wird. In Gleichung (5.28) erscheint der

Term $\underline{V}$ A_x wieder, um die Bahntangente in Parameterrichtung zu berechnen. Der Vektor $\underline{V}$ A_x wird deshalb nach der Auswertung mit Gleichung (5.15) zwischengespeichert und für die Auswertung von Gleichung (5.28) weiter verwendet. Damit wird die Anzahl der Additionen und Multiplikationen reduziert (Bild 6.4). Nach der Berechnung der Flächendaten um den Flächeneingriffspunkt sind mehr als 70% von Vektoren bekannt, die weiter für die Berechnung der Flächendifferentiale verwendet werden.

6.2.3 Ergebnisse

Die Software ist in der Hochsprache "C" geschrieben. Nach dem Compilieren und Linken wird für FSDA ein Programm von 550 Kbyte inklusive Library erzeugt.

Bild 6.5 zeigt die Rechenzeiten für die spezifizierten Bahnarten, gemessen an einem PC mit Intel Prozessor 80386 und Koprozessor 80387, Systemtakt 20 MHz. Die maximale Programmlaufzeit beträgt 30 ms für den Fall des fünfachsigen Umfangsfräsens von verwundenen Regelflächen. Grund dafür sind die doppelte Berechnung von Flächendaten für Stützpunkte an Grund- und Scheitelleitlinie sowie die intensiven Korrektur- und Differentialberechnungen. Bei einer Zykluszeit von 2 bis 5 ms für die Echtzeitinterpolation bedeutet dies, daß die Rechenzeit für die flächenorientierte Steuerdatenaufbereitung um den Faktor 10 größer ist. Dieses Zeitverhältnis ist typisch für die konventionelle zweistufige Interpolation. Wegen der hochgenauen Generierung von Spline-Funktionen im Werkstückkoordinatensystem entsteht jedoch nur ein vernachlässigbarer Bahnfehler (vgl. Bild 5.14). Die für Echtzeitinterpolation eingebaute Funktion "Überschleifen am Satzende" ermöglicht es, eine minimale Satzfolgezeit zu erzielen. Angesichts der verfügbaren Korrekturfunktionen, der extrem hohen Bahngenauigkeit und der schnellen Steuerdatenabarbeitung ist damit ein bedeutender Fortschritt in der numerischen Steuerung für die fünfachsige Freiformflächenbearbeitung erzielt.

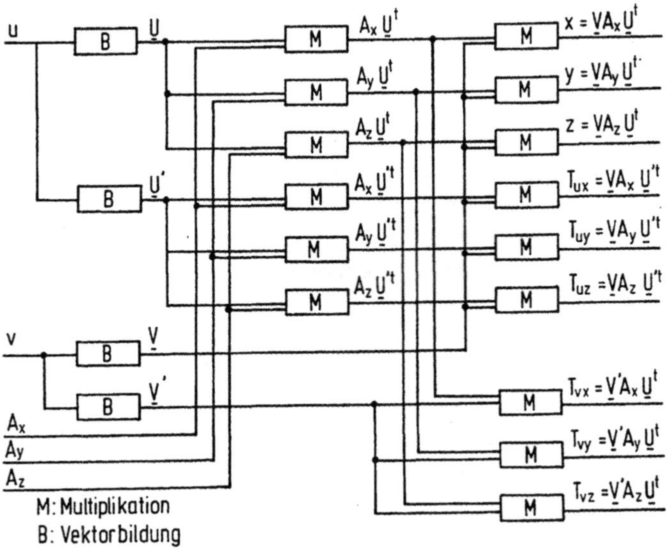

Bild 6.4: Rechenzeitoptimierung durch vektorielle Operationen

Schlüsselwort	Fräserführung und Bahnvorgabe	Zeit [ms]
CONS	Anfahren an den Flächenrand beim fünfachsigen Stirnfräsen	7.7
CONS	fünfachsiges Stirnfräsen mit Vorgabe von Flächenkurve	19.8
CONS	Übergang von POONS zu CONS	6.3
POONS	Flächenpunkt als Zielpunkt, Orientierung aus Vorgabe von Drehwinkeln	5.9
CONTRS	Anfahren an den Flächenrand beim fünfachsigen Umfangsfräsen	8.7
CONTRS	fünfachsiges Umfangsfräsen von verwundenen Regelflächen mit Vorgabe von Grund- und Scheitelleitlinien	30.0

Bild 6.5: Rechenzeit für verschiedene Schlüsselworte

7 Zusammenfassung

Die vorliegende Arbeit befaßt sich mit der Entwicklung einer Steuerung für die Freiformflächenbearbeitung mit der Möglichkeit, Bahnvorgaben in Parameterkoordinaten der Flächenbeschreibung zu interpolieren. Die damit verbundenen Vorteile sind der durchgängige Informationsfluß für Geometriedaten, die Reduktion der NC-Datenmenge, die Flexibilität des Fräsereinsatzes und die hohe Bearbeitungsgeschwindigkeit.

In einem ersten Schritt wurde eine erweiterte Schnittstelle zur Freiformflächenbearbeitung spezifiziert. Wesentlich dabei ist die Definition von Flächenkurven als Fräsbahn. Zur kompletten Bearbeitung wurden auch Fräsbahnen mit expliziter Stützpunkt- und Orientierungsvorgabe in Parameterkoordinaten definiert.

Durch Verwendung der B-Spline-Kurvenapproximation ist es gelungen, alle in konventionellen Steuerungen vorkommenden Bahnen in einer einheitlichen Polynomform für die Sollwerterzeugung darzustellen. Ein darauf basierendes Einschrittverfahren zur Polynominterpolation wurde entwickelt.

Um die kinematischen Fehler aus der linearen Interpolation in Maschinenkoordinaten zu vermeiden und eine on-line 3D-Werkzeuggeometriekorrektur zu ermöglichen, ist es erforderlich, neue Interpolationsverfahren und -strukturen für die Flächenbearbeitung zu entwickeln. Es wurde gezeigt, daß nur durch Spline-Generierung sowohl für die Bahn als auch für die Orientierung eine hohe Bahngenauigkeit zu gewährleisten ist. Aus den gewonnenen Ergebnissen wurde die Struktur einer flächenorientierten Geometriedatenverarbeitung in der Steuerung festgelegt. Die in dieser Arbeit entwickelten Algorithmen und Strukturen sind für die Freiformflächenbearbeitung einsetzbar, unabhängig davon, ob eine fünfachsige Fräsmaschine oder ein Industrieroboter eingesetzt wird.

Schrifttum

/1/ Pritschow, G., Viefhaus, R. Mehrachsiges NC-Fräsen für die Blechumformung. Tagungsband zum 7. Seminar: Neue Entwicklungen in der Blechbearbeitung. Stuttgart, 10./11.6.1986.

/2/ Held, J. Fräsmaschinen für den Großwerkzeugbau. VDI-Z Bd. 129 (1987) Nr. 4, S. 53 ... 63.

/3/ Storr, A., Zirbs, J. NC-Programmierung im Formbau. wt - Z. ind. Fertig. 77 (1987) Nr. 3, S. 145 ... 149

/4/ Dietz, C., Frank, K. CAD-CAM im Werkzeug-, Formen- und Modellbau. Werkstatt und Betrieb 122 (1989) 7, S. 541 ... 554.

/5/ Milberg, J., Peiker, S. Geometrie- und technologiorientierte Verbindung von CAD-Systemen mit NC-Programmiersystemen. wt - Z. ind. Fertig. 77 (1987) Nr. 10, S. 583 ... 586.

/6/ Pritschow, G., Zirbs, J. Konzept zur Kollisionsüberwachung bei der NC-Programmierung komplexer Oberflächen. Industrie-Anzeiger 39 (1988), S. 32 ... 33.

/7/ Storr, A., Zirbs, J. CAD/NC-Programmiersysteme-Kopplung-Probleme und deren Lösung. tz für Metallbearbeitung 81 (1987) 1, S. 33 ... 37.

/8/ Spur, G., Potthast, A., Wojicik, L. Erweiterungsmöglichkeiten einer CNC-Steuerung für die 5-Achsen-Fräsbearbeitung. ZwF 84 (1989) H. 3, S. 109 ... 113.

/9/ Pritschow, G., Viefhaus, R., Zirbs, J. Fräsergeometriekorrektur an der Steuerung für das fünfachsige NC-Fräsen von Freiformflächen. ZwF 83 (1988) H. 12, S. 594 ... 597.

/10/ Grabowski, H., Anderl, R., Glatz, R. CAD/CAM-Schnittstellenproblematik für den Anwender. wt - Z. ind. Fertig. 76 (1986) H. 4, S. 377 ... 387.

/11/ N. N. Initial Graphics Exchange Spezification (IGES), Version 2.0. National Bureau of Standards, USA, Febr. 1983.

/12/ N. N. VDA/VDAMA-Flächenschnittstelle (VDAFS). Version 2.0. Verband der Automobilindustrie e.V. (VDA), Frankfurt, 1986.

/13/ N. N. SET Standard d'Echange et de Transfer. Spezification Rev. 1.1. Aerospatiale, März 1984.

/14/ Wilson, P. ISO-TC 184 (Hrsg.): STEP.Document 284, National Bureau of Standards, USA, 1989.

/15/ Wenzel, B. STEP-Document 307 (Express-Language). National Bureau of Standards, USA, 1989.

/16/ Grabowski, H., Glatz, R. Schnittstellen zum Austausch produktdefinierender Daten.
VDI-Z 128 (1986), S. 333 ... 343.

/17/ ATEK 5000/Ozelot. Prospekt.
Brugg/Schweiz: Atek NC-Systems, 1987.

/18/ Viefhaus, R. Fräsergeometriekorrektur in numerischen Steuerungen für das fünfachsige Fräsen.
Berlin, Heidelberg, New York: Springer-Verlag, 1989.

/19/ Marczinski, G., Prengemann, U., Holland, M. Anwendungsorientierte Analyse des zukünftigen Schnittstellen-Standards STEP.
ZwF 84 (1989) H. 8, S. 456 ... 461.

/20/ Farin, G. Curves and Surfaces for Computer Aided Geometric Design.
Boston, San Diego, New York, Lodon, Sydney, Tokyo, Torondo: Academic Press, 1990.

/21/ Spur, G. Krause, L.-F. CAD-Technik, Lehr- und Arbeitsbuch für die Rechnerunterstützung in Konstruktion und Arbeitsplanung.
Müchen, Wien: Hanser-Verlag, 1984.

/22/ Hoschek, J. Lasser, D. Grundlagen der geometrieschen Datenverarbeitung
Stuugart: B.G. Teubner-Verlag, 1989.

/23/ Cronjäger, L., Wollenberg, R. Digitalisierung räumlicher Modelle-Funktionen, Begriffe, Anwendungen.
VDI-Z Bd. 129 (1987) Nr. 4,
S. 34 ... 41.

/24/ Friedrich, W. Digitalisieren ergänzt CNC-Bearbeitung. Werkstatt und Betrieb 122 (1989) 7, S. 559 ... 561.

/25/ Walter, W., Hofmeister, W. Universeller CAD/NC-Kopplungsbaustein für NC-Programmiersystem. wt - Z. ind. Fertig. 77 (1987) Nr.3, S. 129 ... 133.

/26/ Storr, A., Hofmeister, W., Zirbs, J. Stand der Technik im Bereich CAD/CAM Kopplung. Fertigungstechnisches Koloquium 1988, Berlin, Heidelberg, New York: Springer Verlag, 1988.

/27/ Zirbs, J. Fertigungsgerechte Aufbereitung von Flächenverbänden bei der NC-Programmierung im Formenbau. Berlin, Heidelberg, New York: Springer-Verlag, 1989.

/28/ Walter, H. Interaktive NC-Programmierung von Werkstücken mit gekrümmten Flächen. Berlin, Heidelberg, New York: Springer-Verlag, 1982.

/29/ Monz, J. Hohwieler,E. Neue Systeme für werkstattorientierte Programmierverfahren. wt - Z. ind. Fertig. 77 (1987) Nr. 10, S. 575 ... 581.

/30/ Martens, M. Neue Systeme für werkstattorientierte Programmierverfahren. wt - Z. ind. Fertig. 77 (1987) Nr. 11, S. 639 ... 642.

/31/ Potthast, A., v. Zeppelin, W. CAD/NC-Kopplung für ein Werkstattprogrammiersystem. ZwF 84 (1989) H. 9, S. 487... 490.

/32/ Einsatz der Pole-Option, Version V05-E. Fidia S.p.A., Torin/Italia, 1988.

/33/ Die IBH-Philosophie. Modus Multi Mikro-Prozessor CNC. Schwieberdingen: IBH, 1985.

/34/ Storr, A., Walker, B., Frank, H. Stand und weiterführende Aufgaben bei dem modularen Mehrprozessor-Steuersystem. wt - Z. ind. Fertig. 74 (1984), S. 733 ... 735.

/35/ Stute, G., Klemm, P., Möller, H., Plasch, D., Spieth, U. Verteilte Steuerungseinrichtungen für Fertigungssysteme (MPST-Mehrprozessor-Steuersystem). PDV-Bericht. KfK-PDV 192. Karlsruhe: Kernforschungszentrum Karlsruhe, Sept., 1980.

/36/ Eisinger, J. Fräsbahnabweichungen auf Grund der Kinematik und Interpolation an numerisch gesteuerten Mehrachsen-Fräsmaschinen. Berlin, Heidelberg, New York: Springer Verlag, 1972.

/37/ Osofisan, P. B. Verbesserung des Datenflusses beim fünfachsigen NC-Fräsen. Berlin, Heidelberg, New York: Springer-Verlag, 1979.

/38/ Meschkowski, H. Mathematisches Begriffswörterbuch. BI-Hochschultaschenbuch 99/99 a. Mannheim: Bibliographisches Institut, Hochschultaschenbücher-Verlag, 1966.

/39/ Binder, D. Untersuchungen zur Interpolation in numerischen Steuerungen. Berlin, Heidelberg, New York: Springer-Verlag, 1979.

/40/ Huan, J. Spline-Interpolation in der Steuerung einer Werkzeugmaschine. wt - Z. ind. Fertig. 76 (1986), S. 309 ... 312.

/41/ Meier, H. Heilig, L. Neues Bahnsteuerungskonzept zur n-dimensionalen Realisierung beliebiger Konturen mit OCI. ZwF 81 (1986) H. 6, S. 287 ... 290.

/42/ Distler, H. Spline-Programmierung als Lösung für komplexe Bearbeitungsaufgaben. ZwF 84 (1989) H. 3, S. 114 ... 117.

/43/ Potthast, A Spline-Programmierung für fünfachsige Fräsbearbeitung. ZwF 85 (1990) H. 8, S. 421 ... 426.

/44/ GE Faunuc Automation Europe. Prospekt. Frankfurt, 1989.

/45/ Duelen, G., Bernhardt, R. Off-line-Programmiersystem. ZwF 82 (1987) H. 6, S. 317 ... 320.

/46/ N.N. VDI 2863, Blatt 1 (Arbeitspapier). VDI-Richtlinien: Programmierung numerisch gesteuerter Handhabungseinrichtungen. IRDATA. Allgemeiner Aufbau, Satztypen und Übertragung.
Berlin: Beuth Verlag, 1987.

/47/ Spur, G., Krause, F.-L., Lutz, M. Konsistenzsicherung von Datenstrukturen in geometrischen Modellierern.
ZwF 83 (1988) H. 3, S. 128 ... 132.

/48/ Pritschow, G. Kayser, K. H. Dreidimensionale Echtzeit-Kollisionsüberwachung an Fertigungseinrichtungen.
wt - Z. ind. Fertig. 77 (1987) Nr. 3, S. 201 ... 205.

/49/ Lane, J.M., Riesenfeld,R. A Theoretical Development for the Computer Generation and Display of Piecewise Polynomial Surfaces
IEEE Trans. Pattern Analysis and Mashine Inteligence, Vol. PAMi-2, No. 1, Jan. 1980.

/50/ Henning, H. Fünfachsiges NC-Fräsen gekrümmter Flächen.
Berlin, Heidelberg, New York: Springer Verlag, 1976.

/51/ Bronstein, N., Semendjajew, K. Taschenbuch der Mathematik.
Zürich, Frankfurt: Verlag Harri Deutsch, 1981.

/52/ Sielaff, W. Fünfachsiges NC-Umfangsfräsen verwundener Regelflächen. Beitrag zur Technologie und Teileprogrammierung.
Berlin, Heidelberg, New York: Springer Verlag, 1981.

/53/ Bézier, P. The mathematical basis of the UNISURF CAD system.
London, Boston, Durban, Singapore, Sydney: Butterworths & Co Ltd., 1986.

/54/ Pritschow, G. Manuskript zu Vorlesung Steuerungstechnik der Werkzeugmaschinen und Industrieroboter WS 1989.

/55/ Späth, H. Spline-Algorithmen zur Konstruktion glatter Kurven und Flächen.
München, Wien: Oldenbourg, 1986.

/56/ Cohen, E., Lyche, T., Riesenfeld, R. Discrete B-Splines and Subdivision Techniques in Computer-Aided Geometric Design and Computer Graphics
Computer Graphics and IMAGE Processing 14, 1980, S. 87 ... 111.

/57/ Piegl, L., Tiller, W. Curve and Surface Construction using rational B-Splines.
Computer Aided Design, 19 (1987) Nr. 9, S. 485 ... 497.

/58/ de Boor, C. A practical Guide to Splines.
Berlin, Heidelberg, New York: Springer Verlag, 1978.

/59/ Keppeler, M. Führungsgrößenerzeugung für numerisch bahngesteuerte Industrieroboter
Berlin, Heidelberg, New York: Springer Verlag, 1984.

/60/ Encarnacao, J. Straßer, W. Computer Graphics.
München, Wien: Oldenbourg Verlag, 1986.

/61/ Stof, P. Untersuchungen über die Reduzierung dynamischer Bahnabweichungen bei numerisch gesteuerten Werkzeugmaschinen
Berlin, Heidelberg, New York: Springer Verlag, 1978.

/62/ Walker, B Konfigurierbarer Funktionsblock Geometriedatenverarbeitung für numerische Steuerungen.
Berlin, Heidelberg, New York: Springer Verlag, 1987.

/63/ N.N. DIN 66215, Blatt 1. Programmierung numerisch gesteuerter Arbeitsmaschinen. CLDATA. Allgemeiner Aufbau und Satztypen.
Berlin, Köln: Beuth-Verlag, 1974.

/64/ Stute, G., Esch, H. Untersuchungen an mehrachsig gesteuerten Maschinen.
Berichte zum VDW-Forschungsvorhaben 1002, 1974.

ISW Forschung und Praxis

Berichte aus dem Institut für Steuerungstechnik der Werkzeugmaschinen und Fertigungseinrichtungen der Universität Stuttgart

Herausgegeben bis Band 57 von Prof. Dr.-Ing. G. Stute †
ab Band 58 Prof. Dr.-Ing. G. Pritschow

1 D. Schmid, Numerische Bahnsteuerung, 89 S., 1973

2 H. Schwegler, Fräsbearbeitung gekrümmter Flächen, 111 S., 1972

3 J. Eisinger, Numerisch gesteuerte Mehrachsenfräsmaschinen, 90 S., 1972

4 R. Nann, Rechnersteuerung von Fertigungseinrichtungen, 125 S., 1972

5 G. Augsten, Zweiachsige Nachformeinrichtungen, 140 S., 1972

6 B. Karl, Die Automatisierung der Fertigungsvorbereitung durch NC-Programmierung, 121 S., 1972

7 H. Eitel, NC-Programmiersystem, 117 S., 1973

8 E. Knorr, Numerische Bahnsteuerung zur Erzeugung von Raumkurven auf rotationssymetrischen Körpern, 131 S., 1973

9 S. Bumiller, Viskohydraulischer Vorschubantrieb, 123 S., 1974

10 K. Maier, Grenzregelung an Werkzeugmaschinen, 139 S., 1974

11 J. Waelkens, NC-Programmierung, 159 S., 1974

12 E. Bauer, Rechnerdirektsteuerung von Fertigungseinrichtungen, 138 S., 1975

13 H. König, Entwurf und Strukturtheorie von Steuerungen für Fertigungseinrichtungen, 206 S., 1976

14 H. Damsohn, Fünfachsiges NC-Fräsen, 143 S., 1976

15 H. Jetter, Programmierbare Steuerungen, 141 S., 1976

16 H. Henning, Fünfachsiges NC-Fräsen gekrümmter Flächen, 179 S., 1976

17 K. Boelke, Analyse und Beurteilung von Lagesteuerungen für numerisch gesteuerte Werkzeugmaschinen, 106 S., 1977

18 F.-R. Götz, Regelsystem mit Modellrückkopplung für variable Streckenverstärkung, 116 S., 1977

19 H. Tränkle, Auswirkungen der Fehler in den Positionen der Maschinenachsen beim fünfachsigen Fräsen, 103 S., 1977

20 P. Stof, Untersuchungen über die Reduzierung dynamischer Bahnabweichungen bei numerisch gesteuerten Werkzeugmaschinen, 118 S., 1978

21 R. Wilhelm, Planung und Auslegung des Materialflusses flexibler Fertigungssysteme, 158 S., 1978

22 N. Kappen, Entwicklung und Einsatz einer direkten digitalen Grenzregelung für eine Fräsmaschine mit CNC, 123 S., 1979

23 H. G. Klug, Integration automatisierter technischer Betriebsbereiche, 124 S., 1978

24 D. Binder, Interpolation in numerischen Bahnsteuerungen, 132 S., 1979

25 O. Klingler, Steuerung spanender Werkzeugmaschinen mit Hilfe von Grenzregeleinrichtungen (ACC), 124 S., 1979

26 L. Schenke, Auslegung einer technologisch-geometrischen Grenzregelung für die Fräsbearbeitung, 113 S., 1979

27 H. Wörn, Numerische Steuersysteme-Aufbau und Schnittstellen eines Mehrprozessorsteuersystems, 141 S., 1979

28 P. B. Osofisan, Verbesserung des Datenflusses beim fünfachsigen NC-Fräsen, 104 S., 1979

29 J. Berner, Verknüpfung fertigungstechnischer NC-Programmiersysteme, 101 S., 1979

30 K.-H. Böbel, Rechnerunterstützte Auslegung von Vorschubantrieben, 113 S., 1979

31 W. Dreher, NC-gerechte Beschreibung von Werkstücken in fertigungstechnisch orientierten Programmiersystemen, 105 S., 1980

32 R. Schurr, Rechnerunterstützte Projektsteuerung hydrostatischer Anlagen, 115 S., 1981

33 W. Sielaff, Fünfachsiges NC-Umfangfräsen verwundener Regelflächen. Beitrag zur Technologie und Teileprogrammierung, 97 S., 1981

34 J. Hesselbach, Digitale Lageregelung an numerisch gesteuerten Fertigungseinrichtungen, 111 S., 1981

35 P. Fischer, Rechnerunterstützte Erstellung von Schaltplänen am Beispiel der automatischen Hydraulikplanzeichnung, 111 S., 1981

36 U. Ackermann, Rechnerunterstützte Auswahl elektrischer Antriebe für spanende Werkzeugmaschinen, 118 S., 1981

37 W. Döttling, Flexible Fertigungssysteme – Steuerung und Überwachung des Fertigungsablaufs, 105 S., 1981

38 J. Firnau, Flexible Fertigungssysteme – Entwicklung und Erprobung eines zentralen Steuersystems, 112 S., 1982

39 A. Herrscher, Flexible Fertigungssysteme – Entwurf und Realisierung prozeßnaher Steuerungsfunktionen, 103 S., 1982

40 U. Spieth, Numerische Steuersysteme – Hardwareaufbau und Ablaufsteuerung eines Mehrprozessorsteuersystems, 115 S., 1982

41 A. Schimmele, Rechnerunterstützter Entwurf von Funktionssteuerungen für Fertigungseinrichtungen, 106 S., 1982

42 M. Sanzenbacher, NC-gerechte Beschreibung von Werkstücken mit gekrümmten Flächen, 105 S., 1982

43 W. Walter, Interaktive NC-Programmierung von Werkstücken mit gekrümmten Flächen, 112 S., 1982

44 J. Huan, Bahnregelung zur Bahnerzeugung an numerisch gesteuerten Werkzeugmaschinen, 95 S., 1982

45 H. Erne, Taktile Sensorführung für Handhabungseinrichtungen – Systematik und Auslegung der Steuerungen, 111 S., 1982

46 D. Plasch, Numerische Steuersysteme – Standardisierte Softwareschnittstellen in Mehrprozessor-Steuersystemen, 112 S., 1983

47 Z. L. Wang, NC-Programmierung – Maschinennaher Einsatz von fertigungstechnisch orientierten Programmiersystemen, 103 S., 1983

48 J. Schwager, Diagnose steuerungsexterner Fehler an Fertigungseinrichtungen, 121 S., 1983

49 P. Klemm, Strukturierung von flexiblen Bediensystemen für numerische Steuerungen, 113 S., 1984

50 W. Runge, Simulation des dynamischen Verhaltens elektrohydraulischer Schaltungen – Einsatz von geräteorientierten, universellen Simulationsbausteinen, 132 S., 1984

51 H. Steinhilber, Planung und Realisierung von Werkzeugversorgungssystemen für die NC-Bearbeitung, 126 S., 1984

52 R. Ohnheiser, Integrierte Erstellung numerischer Steuerdaten für flexible Fertigungssysteme, 115 S., 1984

53 M. Keppeler, Führungsgrößenerzeugung für numerisch bahngesteuerte Industrieroboter, 125 S., 1984

54 P. Kohler, Automatisiertes Messen mit NC-Werkzeugmaschinen, 129 S., 1985

55 K.-H. Rieger, Rechnerunterstützte Projektierung der Hardware und Software von Speicherprogrammierten Steuerungen, 123 S., 1985

56 G. Vogt, Digitale Regelung von Asynchronmotoren für numerisch gesteuerte Fertigungseinrichtungen, 126 S., 1985

57 S. Chmielnicki, Flexible Fertigungssysteme – Simulation der Prozesse als Hilfsmittel zur Planung und zum Test von Steuerprogrammen, 120 S., 1985

58 W. Renn, Struktur und Aufbau prozeßnaher Steuergeräte zur Verkettung in flexiblen Fertigungssystemen, 137 S., 1986

59 K. Harig, Quantisierung im Lageregelkreis numerisch gesteuerter Fertigungseinrichtungen, 113 S., 1986

60 H. Frank, Programmier- und Überwachungsfunktionen für teileartbezogene NC-Werkzeugmaschinen, 115 S., 1986

61 H. Möller, Integrierte Überwachungs- und Diagnose-Systeme für numerische Steuerungen, 131 S., 1986

62 H. Fink, Einsatz speicherprogrammierbarer Steuerungen in der Fertigungstechnik, 126 S., 1986

63 J. Fleckenstein, Zustandsgraphen für SPS – Grafikunterstützte Programmierung und steuerungsunabhängige Darstellung, 139 S., 1987

64 E. Wagner, Steuerungen von Koordinatenmeßgeräten mit schaltenden und messenden Tastsystemen, 133 S., 1987

65 W. Grimm, Diagnosesystem für steuerungsperiphere Fehler an Fertigungseinrichtungen, 143 S., 1987

66 W. Swoboda, Digitale Lageregelung für Maschinen mit schwach gedämpften schwingungsfähigen Bewegungsachsen, 141 S., 1987

67 G. Gruhler, Sensorgeführte Programmierung bahngesteuerter Industrieroboter, 119 S., 1987

68 B. Walker, Konfigurierbarer Funktionsblock Geometriedatenverarbeitung für numerische Steuerungen, 125 S., 1987

69 J. Mayer, Werkzeugorganisation für flexible Fertigungszellen und -systeme, 126 S., 1988

70 R. Lederer, Programmierung von NC-Drehmaschinen mit mehreren Werkzeugschlitten, 120 S., 1988

71 G. Häberle, NC-Musterprogrammierung für die rechnerintegrierte Textilfertigung, 127 S., 1988

72 D. Pfeiffer, Kompensation thermisch bedingter Bearbeitungsfehler durch prozeßnahe Qualitätsregelung, 135 S., 1988

73 W. Schmidt, Grafikunterstütztes Simulationssystem für komplexe Bearbeitungsvorgänge in numerischen Steuerungen, 141 S., 1988

74 M. Egner, Hochdynamische Lageregelung mit elektrohydraulischen Antrieben, 147 S., 1988

75 W. Schittenhelm, Konfigurierbares Bedienungssystem für Steuerungen an Fertigungseinrichtungen, 136 S., 1988

76 D. Scheifele, Grafisch dynamische Simulation des Bearbeitungsvorgangs für Doppelschlittendrehmaschinen, 121 S., 1988

77 G. Keuper, Automatisierte Identifikation der Streckenparameter servohydraulischer Vorschubantriebe, 152 S., 1989

78 K.-H. Kayser, Kollisionserkennung in numerischen Steuerungen mit der Distanzfeldmethode, 131 S., 1989

79 R. Viefhaus, Fräsergeometriekorrektur in Numerischen Steuerungen, 157 S., 1989

80 J. Zirbs, Fertigungsgerechte Aufbereitung von Flächenverbänden bei der NC-Programmierung im Formenbau, 130 S., 1989

81 W. Ruoff, Optische Sensorsysteme zur On-line-Führung von Industrierobotern, 123 S., 1989

82 M. Jantzer, Bahnverhalten und Regelung fahrerloser Transportsysteme ohne Spurbindung, 131 S., 1990

83 H. Schumacher, Einheitliche Programmierung von Automatisierungskomponenten roboterbestückter Bearbeitungs- und Montagezellen, 116 S., 1991

84 J. Schimonyi, NC-Programmierung für das Werkzeugschleifen, 122 S., 1991

85 K.-H. Wurst, Flexible Robotersysteme – Konzeption und Realisierung modularer Roboterkomponenten, 164 S., 1991

86 R. Hagl, Erhöhung der Verfügbarkeit von Vorschubantrieben mit selbstanpassender Lageregelung, 126 S., 1991

87 G. Krebser, Betriebssystem für NC mit einheitlichen Schnittstellen, 130 S., 1992

88 W.-T. Lei, Flächenorientierte Steuerdatenaufbereitung für das fünfachsige Fräsen, 134 S., 1992

Die Bände ISW 1 bis ISW 76 sind vergriffen.

Die Bände sind im Erscheinungsjahr und in den folgenden drei Kalenderjahren zu beziehen durch den örtliche Buchhandel oder durch Lange & Springer, Otto-Suhr-Allee 26-28, 1000 Berlin 10.

GPSR Compliance

The European Union's (EU) General Product Safety Regulation (GPSR) is a set of rules that requires consumer products to be safe and our obligations to ensure this.

If you have any concerns about our products, you can contact us on ProductSafety@springernature.com

In case Publisher is established outside the EU, the EU authorized representative is:

Springer Nature Customer Service Center GmbH
Europaplatz 3
69115 Heidelberg, Germany

Batch number: 10682421

Printed by Printforce, the Netherlands